核桃与脑健康科学

Walnuts and Brain Health Science

中国食品科学技术学会 编著

中国轻工业出版社

图书在版编目（CIP）数据

核桃与脑健康科学 / 中国食品科学技术学会编著.
北京：中国轻工业出版社，2024.8. --ISBN 978-7
-5184-5059-6

Ⅰ. S664.1；R161.1

中国国家版本馆CIP数据核字第202464SD21号

责任编辑：伊双双　邹婉羽　责任终审：劳国强　设计制作：锋尚设计
策划编辑：伊双双　责任校对：朱　慧　朱燕春　责任监印：张　可

出版发行：中国轻工业出版社（北京鲁谷东街5号，邮编：100040）
印　　刷：艺堂印刷（天津）有限公司
经　　销：各地新华书店
版　　次：2024年8月第1版第1次印刷
开　　本：710×1000　1/16　印张：7
字　　数：106千字
书　　号：ISBN 978-7-5184-5059-6　定价：88.00元
邮购电话：010-85119873
发行电话：010-85119832　010-85119912
网　　址：http://www.chlip.com.cn
Email：club@chlip.com.cn

241057K1X101ZBW

《核桃与脑健康科学》编委会

编写执行单位

中国食品科学技术学会食品营养与健康分会

专家顾问组

孙宝国　中国工程院院士、北京工商大学

丁钢强　中国疾病预防控制中心营养与健康所

姚奎章　河北养元智汇饮品股份有限公司

编审专家（按姓氏笔画排序）

田　洋　普洱学院

闵伟红　浙江农林大学食品与健康学院

赵谋明　华南理工大学食品科学与工程学院

夏君霞　河北养元智汇饮品股份有限公司

徐　俊　首都医科大学附属北京天坛医院

霍军生　中国疾病预防控制中心营养与健康所

编写人员

陶　亮　云南农业大学食品科学技术学院

刘春雷　吉林农业大学食品科学与工程学院

段　翔　西北农林科技大学食品科学与工程学院

张惠迪　中国疾病预防控制中心营养与健康所

陈　铮　中国食品科学技术学会

朱运恒　中国食品科学技术学会

序

全民健康不仅是国家昌盛、民族富强的基石，更是人民福祉的直接体现。在此背景下，加快食品与健康领域科技创新步伐，对于提升国民营养健康水平具有举足轻重的意义。国务院发布的《“十四五”国民健康规划》强调，需积极应对人口老龄化挑战，加快实施健康中国战略，不断提升国民健康水平。在现代社会高速发展、生活节奏加快、工作压力增大的背景下，脑健康问题愈发凸显其重要性。据相关数据调查显示，近年来我国脑部相关疾病的发病率呈显著上升趋势，这不仅给患者家庭带来沉重负担，也给医疗保障体系带来了严峻的挑战。因此，提升国民对脑健康的认识，积极寻求并推广有益于脑健康的食品和疗法，成为当下亟待解决的问题。自2000年起，我国通过设立“脑健康月”和“全国脑健康日”，正式将脑健康问题纳入国家层面予以关注，旨在通过普及脑健康知识、强化研究、完善服务体系及国际合作，持续提高公众对脑健康重要性的认识。

食品是营养的重要载体。在众多食品中，核桃以其独特的营养和药用价值备受瞩目。核桃，又称胡桃，据《本草纲目》记载，核桃具有“补肾通脑，有益智慧”的功效，这既是对核桃价值的赞誉，也体现了中医理论对核桃与脑健康关系的肯定。核桃被认为在补肾健脑、润肺止咳、润肠通便、改善记忆力、延缓衰老等方面具有积极作用。核桃对脑健康的作用主要源于其丰富的营养成分，如不饱和脂肪酸（特别是亚油酸和亚麻酸）及活性肽，这些营养成分对大脑生长和发育至关重要。同时，核桃富含蛋白质、碳水化合物、维生素等营养成分以及多酚、多糖等功能活性成分，这些成分对维护神经系统功能、提高记忆力和学习能力具有积极影响。因此，适量食用核桃对促进脑健康、预防脑部疾病具有重要意义。

《核桃与脑健康科学》深入探讨了核桃与脑健康的关系。在本书中，各专家对核桃的营养成分、药用价值以及其对脑健康的积极作用进行了详细的分析，归纳了核桃脑健康产品的开发与应用情况，并展望了未来核桃产业的发展。希望本书可以向广大消费者普及核桃与脑健康的知识，提高大家对核桃的认识和重视程度。

感谢参与编写的各位专家的付出，使本书得以顺利完成。同时，本书在编写过程中得到河北养元智汇饮品股份有限公司的大力支持，在此表示感谢。未来，期待《核桃与脑健康科学》能够发挥更大的作用，为国民脑健康及核桃产业的健康发展保驾护航！

中国工程院院士

中国食品科学技术学会理事长

北京工商大学教授

前言

全民健康是民族昌盛、国家富强、人民幸福的重要标志，加快提升食品与健康科技创新能力对于国民营养健康水平提升具有重要意义。2014年，习近平总书记在江苏调研时指出“没有全民健康，就没有全面小康”。2016年，国务院印发了《“健康中国2030”规划纲要》，全面推进健康中国建设。2022年，国务院印发了《“十四五”国民健康规划》，指出实施积极应对人口老龄化国家战略，加快实施健康中国行动，不断提高人民健康水平。近年来，随着我国经济发展与社会进步，食品产业正处于转型的关键时期，消费者对食品品质报以更高期待，不仅要吃得饱、吃得好，还要吃得安全、吃得健康。因此，在国家战略和公众关切的双重推动下，进一步夯实食品营养科学研究基础、提升食品产业科技创新能力尤为迫切。

当前，我国人口老龄化程度持续加深，阿尔茨海默病、帕金森病、脑卒中等脑健康问题已成为威胁公共卫生和人民生活水平的主要健康问题之一。同时，伴随着生活节奏加快与工作压力增加，人群中出现的焦虑、抑郁等影响脑健康的情绪问题日渐受到人们关注。改善脑健康及认知功能已成为营养科学等领域最具挑战的前沿热点之一。世界卫生组织（WHO）在2022年发布脑健康“全球行动计划”，旨在在接下来的十年中优先关注并解决脑健康问题。我国科技部、教育部、国家自然科学基金委员会等部委也组织实施了脑科学与类脑研究重大科技项目等课题，围绕脑与认知、脑机智能和脑健康等核心问题开展攻关，推动我国脑科学、脑健康研究进入快速发展阶段。

膳食被认为是仅次于遗传而影响人类健康的第二大因素，对机体衰老、认知退化等健康问题的预防和管理起重要作用。特定营养物质的补充有助于学习、记忆能力的提升以及认知功能的改善，通过膳食干预维持和改善脑健康具有可行性。《“健康中国2030”规划纲要》提出“深入开展食物（农产品、食品）营养功能评价和实施营养干预研究”。《国民营养计划（2017—2030年）》

中明确“老年人群营养支持行动”，采取多种措施满足老年人群营养改善需求。因此，食品工业是实现“健康中国”目标的坚实保障，食品营养与健康的突破将成为食品发展的新引擎。在此背景下，有针对性地挖掘天然膳食资源中具有改善脑健康功能的活性组分并开展基础科学研究与新型产品创制，对于推动脑健康科学的发展和实现全民“健康老龄化”的目标具有重要意义。

胡桃又名核桃，属胡桃科胡桃属植物，与扁桃仁、腰果及榛子并称“四大坚果”，一直以来被视作健脑益智的佳品。我国最早的中药学著作《神农本草经》将其列为轻身益气、延年益寿的上品；《本草纲目》中记载核桃：“补气养血，润燥化痰，益命门，处三焦，温肺润肠，治虚寒喘咳，腰脚重疼，心腹疝痛，血痢肠风。”在我国民间，自古以来，核桃以核桃叶、核桃干、核桃壳、核桃仁、核桃花等形式被充分利用，有较好的医用价值。科学研究表明，核桃具有改善脑健康功效的潜力，这与其营养成分密不可分。核桃营养组分中，油脂含量最高（60%～77%），蛋白质次之（14%～17%）。其中油脂中富含α-亚麻酸，在人体内能够转化为二十二碳六烯酸（DHA），是大脑神经细胞和视网膜的重要构成成分，在认知过程中发挥着重要的作用。核桃中含有丰富的维生素E、B族维生素以及多种矿物质。维生素E具有较强的抗氧化性，能够通过抑制自由基的氧化损伤减缓神经细胞退化；微量元素锌是脑细胞重要的营养物质。除此之外，核桃中的多酚类物质以及褪黑素等活性组分，具有缓解脑部神经炎症、调节神经系统功能等作用。这些营养功能组分的挖掘为核桃以及核桃产品改善脑健康水平提供了科学依据，相关科学研究对于我国传统饮食文化中“药食同源”理论的弘扬具有积极意义。

我国核桃资源非常丰富，种植面积与产量均居世界首位。但是，我国核桃精深加工程度较低，主要以干制核桃、核桃油、核桃乳、核桃粉以及一些核桃风味零食为主。原因是核桃产业营养科学基础研究较弱、缺乏核心现代加工技术，科技水平成为制约营养健康食品研发与产业升级的重要因素。特别是随着健康意识的增强，人们对食品营养需求持续提高，健康型、营养型饮食已逐步成为主流饮食观念。而核桃产业加工技术偏弱、产品形式单一的现状显然难以满足消费者和大健康市场的需求。为解决此问题，亟须加强对核桃营养组分功能的基础研究，提升企业科技创新能力，推动新型营养健康型产品创制，实现产业的转型升级。

当前，我国食品工业即将进入以科技支撑行业发展的关键时期，这为食品产业发展提供了新机遇。以新质生产力为引领，以“全民健康”为导向，研发出能够满足人民对美好生活向往的高品质、高营养、高技术含量产品已成为诸多食品企业未来发展的目标与方向。核桃产业具有天然的种质资源优势与深厚的民众喜爱基础，食品企业更需要深刻认识消费者对于营养健康的新诉求，准确把握目标人群营养需求特征，明确核桃组分营养功效与作用机制，充分发挥膳食营养科学基础研究的支撑作用，着力攻关新型功能食品制造关键技术，加快新型产品研发与创制的步伐，打造从基础研究到技术研究、再到成果转化的创新链，为核桃产业转型开辟新途径。

食品营养健康科技创新是提高国民营养健康水平的坚实保障。通过不断强化食品科技创新，围绕核桃资源开展营养功能评价与高价值产品研发是核桃产业战略升级的必由之路，也是积极践行“大食物观”，构建多元化、高值化的食物供给体系，推动“健康中国”战略的必需要求。鉴于此，中国食品科学技术学会联合河北养元智汇饮品股份有限公司以及相关领域专家与产业代表共同撰写《核桃与脑健康科学》，对核桃的基本营养成分及特色功能组分进行详细介绍，从改善学习记忆力、辅助改善睡眠障碍、调节精神及情绪等方面论述了核桃促进脑健康的科学机制，阐述了核桃通过改善心脑血管功能对脑健康的积极影响，从关键技术和产品创制等角度剖析了我国核桃脑健康产品开发与应用的现状和未来发展方向。以此为基础形成的专家建言及共识，可加强消费者对于核桃及其产品营养功能的科学认识，助力核桃产业科技创新能力的提升与高质量发展。

总之，本书阐明核桃与脑健康之间的科学联系，旨在帮助公众加深对核桃健康功能的科学认知，提升公民营养健康素质，同时，把脉核桃产业发展趋势，引导企业把握机遇创新升级，赋能我国核桃资源产业持续健康发展。

目 录

1

核桃营养组分
及其健康作用

1.1 核桃的基本营养组分及其健康作用

核桃由青皮、外壳、分心木、内种皮和核桃仁构成，食用部分主要为核桃仁、内种皮和分心木。我国食用核桃历史悠久，据《本草纲目》记述，核桃“食之令人肥健，润肌，黑须发。多食利小便，去五痔，捣和胡粉，拔白须发，内孔中，则生黑毛。烧存性，和松脂研，敷瘰疬疮”，具有“补气养血，润燥化痰，益命门，处三焦，温肺润肠，治虚寒喘咳，腰脚重疼，心腹疝痛，血痢肠风，散肿毒，发痘疮，制铜毒”的功效[1]。《食疗本草》也记载了核桃具有“通经脉，润血脉，黑须发，常服骨肉细腻光润”的作用[2]。民间有“常吃核桃，返老还童”之说。《本草纲目》(宋《开宝》) 记载核桃“食之令人能食，通润血脉，骨肉细腻。治损伤、石淋。同破故纸蜜丸服，补下焦”[1]。核桃具有上述功效归结于其含有多种营养成分，如油脂、蛋白质、碳水化合物、维生素和甾醇、矿物质等，一些对人体有益的功能活性成分也能从核桃中获得，如不饱和脂肪酸、多肽、多酚、多糖等。

1.1.1 油脂

核桃富含油脂成分，可直接食用或制油，每100kg带壳核桃仁可提取25～30kg核桃油。核桃仁中的油脂含量超过60%，其中不饱和脂肪酸（UFAs）占总脂肪酸含量的90%以上。核桃仁中油脂含量为60%～77%，脂肪酸主要由亚油酸（50.4%～72.1%）、油酸（6.2%～33.5%）、棕榈酸（5.1%～26.1%）、α-亚麻酸（3.2%～19.2%）和硬脂酸（1.2%～6.0%）组成，其中亚油酸和α-亚麻酸为多不饱和脂肪酸，占核桃脂肪酸总量的54.4%～97.2%[3]。核桃油经提取、精炼、提纯等加工技术制成，颜色为黄色或棕黄色，是人们日常生活中理想的高级食用油，富含人体必需的脂肪酸，营养价值非常高。核桃油和其他食用油的区别，主要在于核桃油富含亚麻酸和亚油酸。

不饱和脂肪酸主要包括单不饱和脂肪酸（MUFAs）和多不饱和脂肪酸（PUFAs），其中单不饱和脂肪酸可降低胆固醇、血糖及动脉粥样硬化等疾病发生率，核桃油中的多不饱和脂肪酸包括亚油酸和α-亚麻酸等人体必需脂肪酸。人体必需脂肪酸不能由人体合成，但在生理上发挥着重要作用。采用亚临界工艺制取的薄皮核桃油（得率68.15%）和铁核桃油（得率63.44%）油脂得率较高，同时该加工方式对核桃油的脂肪酸和甘油三酯组成影响很小[4]。

1.1.2 蛋白质

蛋白质是维持人体生长发育所必需的宏量营养素，随着世界人口数量的急剧增长（预计到2050年将达到97亿），蛋白质供给将不能满足人口快速增长的需求，导致全球蛋白质资源缺口巨大。

核桃含有丰富的蛋白质，是优质的蛋白质资源。我国核桃年产量近500万t，位居全球第一。核桃仁中蛋白质的含量为15%～20%，此外，研究发现核桃粕中也含有42%～54%的蛋白质，具有较高的营养价值。核桃蛋白主要成分为谷蛋白、球蛋白、清蛋白和醇溶蛋白，分别占核桃总蛋白质的72.06%、15.67%、7.54%和4.73%[5, 6]。通过奥斯本-门德尔（Osborne Mendal）分离方法①对核桃蛋白进行分级，发现清蛋白的相对分子质量广泛分布在10～250ku；球蛋白的亚基分布在10～70ku和200～270ku；谷蛋白中多肽的相对分子质量集中在17～19ku、33～35ku、55～70ku和250ku及以上[7]。核桃蛋白通过分级分离后得到的谷蛋白含量最高，通过电泳质谱条带鉴定得出的结果显示核桃蛋白中存在与11S和7S球蛋白相似的条带，其具有改善睡眠、降低血压、增强记忆

① 奥斯本-门德尔（Osborne Mendal）分离方法：一种基于蛋白质溶解性和沉淀性质分离谷物蛋白质的方法。

和调节激素分泌等功能作用。

核桃蛋白与巴旦木等坚果蛋白以及大豆等油料蛋白的组成明显不同，核桃蛋白中谷蛋白含量高于其他坚果蛋白，例如巴旦木的清蛋白含量最高，可占总蛋白质含量的48.9%，但其谷蛋白含量极低[8]。油料蛋白大多是以球蛋白为主，如大豆蛋白主要由7S和11S两类球蛋白组成，其含量达90%。

此外，研究发现核桃饼粕中也含有42%～54%的蛋白质，具有较高的营养价值。核桃饼粕中的蛋白质氨基酸组成丰富、比例适宜人体吸收，蛋白质的真实消化率为86.22%，生物价效可达98.77%，是一种优质植物蛋白[9, 10]。

氨基酸是蛋白质的基本组成单位。研究发现，核桃蛋白含有18种氨基酸，其中谷氨酸含量最高，达19.93%；其次是精氨酸，达14.67%。不同品种核桃之间氨基酸含量可能存在一定的差异。核桃蛋白中的氨基酸以酸性氨基酸和疏水性氨基酸为主，含量分别占氨基酸总量的29.88%和30.56%，谷蛋白和球蛋白均以疏水性氨基酸含量最高，分别为31.45%和33.88%，而清蛋白和醇溶蛋白则以酸性氨基酸为主，含量分别为31.26%和39.54%。核桃蛋白中的药用氨基酸主要成分是谷氨酸、精氨酸和天冬氨酸。谷氨酸在体内通过谷氨酸脱羧酶的催化作用可以合成γ–氨基丁酸（GABA），为一氧化氮（NO）合成的前体，在降血压、心血管调节、抗肿瘤和免疫调节等方面具有潜在作用[11]。谷氨酸能维持大脑功能，在神经系统生长、发育、学习、记忆中起到重要作用，同时能够预防和治疗肝性脑病，是肝脏疾病患者的辅助药物，对治疗脑震荡或神经损伤、癫痫以及对儿童智力缺陷均有显著疗效[12]。精氨酸具有促胰岛素生成及分泌的作用，能改善人体免疫系统，增强抵御疾病能力，维护精子活性和生产。天冬氨酸对增强肝功能，缓解疲劳，预防心脏病、高血压等疾病起到重要作用[11]。谷氨酸、亮氨酸和精氨酸还对妊娠期胚胎、胎盘和胎儿发育具有重要作用。此外，核桃蛋白中9种人体必需氨基酸含量占氨基酸总量的26.98%～30.38%，除赖氨酸外，各种必需氨基酸含量均高于联合国粮食及农业组织/世界卫生组织（FAO/WHO，2013）的推荐标准。赖氨酸是核桃蛋白的第一限制性氨基酸，这与谷物蛋白（如大麦蛋白等）相似，而大豆蛋白的限制性氨基酸是含硫氨基酸，乳清蛋白的限制性氨基酸为组氨酸。有研究表明，核桃谷蛋白、白蛋白和球蛋白的第一限制性氨基酸都是赖氨酸，醇溶蛋白的第一限制性氨基酸为亮氨酸。对核桃蛋白进行营养价值评价时发现，不同品种核桃蛋白的必需氨基酸比值系数评分（SRC）①均为67.02～87.98，与大豆蛋白和乳清蛋白相近（分别为76.6和82.0）。另有研究表明，核桃蛋白的蛋白质功效比值（PER）②为1.58，低于大豆蛋白[13]。

1.1.3 碳水化合物

碳水化合物是生物体中主要的供能物质，也是构成细胞的主要物质。核桃中碳水化合物含量为9.1%～25.2%，主要包括淀粉（多糖）和纤维素等。近年来，植物多糖的生物活性备受关注，相关研究也越来越深入，但有关核桃仁多糖的研究极少。核桃果实不同组织中都含有多糖，如核桃青皮、核桃分心木（隔膜）、核桃壳、核桃仁中的多糖均有研究报道。核桃仁中约含总糖14%，榨油之后的核桃粕总糖含量可达40%，多糖浓度也随之增加[14，15]。

目前，核桃多糖提取的常用方法是热水浸提法，为提高多糖提取得率，研究人员利用酶解法、超声辅助法和微波辅助法对核桃多糖进行提取。核桃不同品种、组织以及不同提取方法对核桃多糖的提取得率影响不同。其中，核桃壳中多糖含量最高为22.22%，核桃青皮中多糖含量为7.48%以上，核桃分心木中多糖含量约为5.15%，核桃仁中多糖含量约为5.33%[16，17]。此外，前处理方法也会影响核桃多糖的提取得率，例如，核桃青皮干制的方法影响多糖含量，自然晒干法高于烘箱烘干法，表明核桃多糖对高温不稳定[7]。

目前关于核桃多糖结构的研究多集中在其一级结构上，常用红外光谱、核磁共振、质谱、气相色谱等方法进行分析，并基于结构分析开展生物活性

---

① 必需氨基酸比值系数评分（SRC）：必需氨基酸与非必需氨基酸的含量比值。

② 蛋白质功效比值（PER）：测定蛋白质利用率的常用方法，定义为处于生长发育期的幼龄动物每摄入1g待测蛋白质增加的体重（g）。

研究。核桃青皮和核桃内种皮多糖中有β-构型，核桃分心木多糖中有α-异头构型。

不同组织部位的核桃多糖的单糖组成差异较小，基本含有葡萄糖、鼠李糖、半乳糖、木糖、阿拉伯糖和甘露糖。其中核桃分心木多糖主要以鼠李糖、葡萄糖比例较高；核桃青皮多糖主要以葡萄糖和半乳糖比例较高；核桃壳多糖以D-阿拉伯糖最多，其次是葡萄糖和半乳糖的比例较高[18, 19]。

1.1.4 甾醇和维生素

核桃中植物甾醇类物质含量最高的是β-谷甾醇，为1052 ~ 1369mg/kg（以核桃仁计）。β-谷甾醇在核桃油中的含量为1383mg/kg，与在核桃中的含量相近，表明β-谷甾醇主要存在于核桃油脂中 。核桃中还含有叶绿素和类胡萝卜素，是核桃中重要的抗氧化物质，对于维持核桃营养品质的稳定具有重要作用，同时对于预防人类癌症和心血管疾病有一定功效。此外，研究表明核桃油中维生素含量与大豆油、棕榈油和橄榄油中的组成一致，含量大致相同[12]。核桃中维生素E含量丰富，维生素E是人体必需的脂溶性维生素，又称生育酚，在人体内通过发挥抗氧化作用增强机体免疫力，具有抗癌、预防心血管疾病和神经紊乱等功效。

1.1.5 矿物质

核桃中含有大量矿质元素，包括钾、钙、钠、镁、磷、铁、铜、锌和锰等，这些元素对于维持人体电解质平衡以及酶的活性有重要作用。通常，核桃中常量元素钾的含量最多，磷的含量次之[16]。

1.2 核桃的特色营养组分及其健康作用

1.2.1 不饱和脂肪酸

常见油料作物中的脂肪酸主要有5大类，占到总脂肪酸的95%以上，根据不饱和键的有无分为饱和脂肪酸和不饱和脂肪酸，饱和脂肪酸包括棕榈酸和硬脂酸，不饱和脂肪酸包括油酸、亚油酸（ω-6脂肪酸①）和亚麻酸（ω-3脂肪酸②）。长期食用饱和脂肪酸含量高的食物，易引发心脑血管疾病，因此，常以不饱和脂肪酸尤其是多不饱和脂肪酸（双键数目≥2的脂肪酸）占比的高低评价油脂的品质[10]。中国营养学会推荐的食物中ω-6脂肪酸/ω-3脂肪酸的最佳比值应为（4：1）~（6：1），越接近此范围，脂肪酸组成结构越优，品质越好[4]。

核桃仁中不饱和脂肪酸含量占总脂肪酸含量的90%以上，其中多不饱和脂肪酸含量在70%以上，多不饱和脂肪酸中亚油酸和亚麻酸对维持人体健康、调节生理功能有重要作用。

1.2.2 肽

核桃多肽的制备主要采用蛋白酶酶解法，即将核桃蛋白粉经蛋白酶酶解为小分子肽段，目前的研究主要用到的相关蛋白酶包括酸性蛋白酶、中性蛋白酶、碱性蛋白酶、胃蛋白酶、木瓜蛋白酶、胰蛋白酶、复合蛋白酶等。近年

① ω-6脂肪酸：距羧基最远端的双键在倒数第六个碳原子上的脂肪酸。
② ω-3脂肪酸：距羧基最远端的双键在倒数第三个碳原子上的脂肪酸。

来，随着肽营养学的快速发展，核桃肽逐渐引起研究人员的关注。核桃肽是由核桃蛋白经水解而得到的具有生物活性功能的肽类物质，根据分子质量大小又可分为核桃多肽和核桃寡肽[20]。目前，多数研究制备的核桃肽是混合物，不同制备方法得到的肽类产物的结构与组成不同，生理活性也不一样。核桃活性态具有生物活性，如核桃抗氧化肽。核桃肽活性成分的结构鉴定对明确其构效关系十分重要。

1.2.2.1 调节血脂

从核桃蛋白酶解物中分离出2个血管紧张素转化抑制肽，其氨基酸序列分别为Val–Gln–Thr–Leu、Leu–Gly–Tyr–Glu–Asn，都属于核桃寡肽，不仅分子质量小、生物活性强、对人体安全，还可以抑制胆固醇胶束的溶解与吸收，从而改变人体肠肝胆汁的酸循环和提高人体胆固醇分解代谢，以起到降血脂的作用[20]。此外，也有研究通过酶解红仁核桃蛋白制备了红仁核桃多肽，发现红仁核桃多肽对胰脂肪酶的抑制率可达58.48%，对胆固醇胶束溶解度的抑制率可达45.41%[21]。

1.2.2.2 缓解糖尿病

糖尿病是一种慢性内分泌和代谢疾病，其特征是由于绝对或相对缺乏胰岛素而导致的高血糖和血脂异常。高血糖会导致代谢紊乱，严重威胁人们的身体健康。近来研究发现，核桃蛋白和多肽能明显改善小鼠对血液葡萄糖水平的调节能力，具有显著的降血糖功效[22]。研究人员利用中性蛋白酶酶解核桃蛋白制备核桃多肽，在动物水平研究了核桃蛋白和核桃多肽的降糖活性，发现用核桃蛋白和核桃多肽喂食2型糖尿病（T2DM）高血糖模型小鼠（200mg/kg）均能显著改善T2DM高血糖模型小鼠进食后对血液葡萄糖水平的调节能力，有效控制葡萄糖水平，具有较好的降血糖效果[23]。

1.2.2.3 提高抗氧化能力

大量研究证实，核桃多肽在体内外均具有较强抗氧化活性，而且其抗氧化活性与肽段氨基酸序列组成相关。利用碱性蛋白酶和木瓜酶水解核桃蛋白制备的核桃多肽，具有较好的加工特性与抗氧化活性[24]。研究发现，核桃清蛋白经碱性蛋白酶酶解制备的多肽对1, 1–二苯基–2–三硝基苯肼（DPPH）自由基、2, 2′–联氮–双–3–乙基苯并噻唑啉–6–磺酸（ABTS）自由基、羟自由基（·OH）均有显著的清除能力[25, 26]。采用木瓜蛋白酶酶解核桃粕蛋白制备多肽，其中具有抗氧化活性的多肽，其相对分子质量主要集中在607 ~ 1321u，对·OH、超氧自由基（O_2^-·）和DPPH自由基的清除率分别为42.26%、57.73%和74.43%，总抗氧化能力为88.43%。采用中性蛋白酶酶解制备的核桃多肽也具有较强的抗氧化能力，核桃源五肽LPLLR（Leu–Pro–Leu–Leu–Arg）对过氧化氢诱导的大鼠嗜铬细胞瘤细胞（PC12）氧化损伤具有一定的保护作用，其机制可能是LPLLR能显著降低一氧化氮分泌量并上调超氧化物歧化酶蛋白表达水平，下调核转录因子NF–κB p65和诱导型一氧化氮合酶蛋白表达水平。体内动物实验也表明核桃多肽能够降低D–半乳糖诱导的老年小鼠血脂水平，提高小鼠大脑总抗氧化能力（T–AOC）和超氧化物歧化酶（SOD）活性，降低小鼠大脑丙二醛（MDA）含量，表现出较强的抗氧化能力[27]。采用胰蛋白酶酶解核桃蛋白制备的核桃多肽具有很强的抗氧化能力，能减轻氧化应激，抑制大脑中促炎细胞因子如肿瘤坏死因子–α（TNF–α）、白细胞介素–1β（Interleukin–1β，IL–1β）等表达，对D–半乳糖和氯化铝引起的神经毒性起保护作用。

1.2.2.4　抗肿瘤

恶性肿瘤是世界主要的慢性退行性疾病之一，相较于传统治疗药物，生物活性肽在肿瘤治疗中具有低毒性、高选择性、广谱适用性及高效性。核桃蛋白经木瓜蛋白酶酶解制备的多肽对人乳腺癌细胞（MCF–7）、人结肠癌细胞（Caco–2）及人宫颈癌细胞（Hela）具有明显的抑制生长作用，可以通过活性氧介导的线粒体途径诱导人乳腺癌细胞凋亡[28, 29]。从核桃蛋白酶解液中分离获得一种多肽CTLEW（Cys–Thr–Leu–Glu–Trp），其相对分子质量为651.28u，可诱导MCF–7的凋亡和自噬[30]。

1.2.2.5　预防心血管疾病

核桃多肽在预防心血管疾病方面的研究主要集中在降压活性肽方面。降压活性肽主要是通过抑制血管紧张素转化酶（ACE）达到降血压的目的。核桃蛋白是一种理想的ACE抑制肽蛋白来源[31]。采用碱性蛋白酶制备（加酶量5880U/g），酶解温度56℃，酶解pH8.2，酶解时间4h的核桃多肽对ACE抑制率可达72.48%[32，33]。采用碱性蛋白酶制备（底物质量浓度20g/L，酶解温度60℃，酶解pH7.9，酶解时间4h）的核桃多肽对ACE抑制率可达76.58%[34]。采用胃蛋白酶酶解核桃蛋白，从中分离获得一种ACE抑制多肽EPNGLLLPQY（Glu–Pro–Asn–Gly–Leu–Leu–Leu–Pro–Gln–Tyr），其相对分子质量为1143.43u，半抑制浓度（IC_{50}）为233.18μmol/L。从核桃蛋白酶解液中分离获得的一种ACE抑制多肽WPERPPQIP（Trp–Pro–Glu–Arg–Pro–Pro–Gln–Ile–Pro），其相对分子质量为1033.42u，IC_{50}为25.67μg/mL[35]。采用胃蛋白酶酶解核桃蛋白，从中分离获得一种ACE抑制多肽YEP（Tyr–Glu–Pro），其相对分子质量为407.43u，IC_{50}为0.32μg/mL[36]。

1.2.2.6 健脑

核桃多肽的健脑活性主要是基于其强大的抗氧化活性，此外核桃多肽富含的谷氨酸属于与脑内信号传导有关的神经递质，谷氨酸是信使一氧化氮（NO）的前体物质，对学习、记忆有积极的改善作用。大量研究表明，核桃多肽具有良好的抗阿尔茨海默病（AD）活性，其可能的机制为核桃多肽通过缓解海马内氧化失衡状况，从而提高海马组织的抗氧化能力并且调节NF-κB表达，降低促炎症因子的水平，从而抑制炎症反应[37]。核桃多肽可以提高由淀粉样蛋白$A\beta_{25-35}$诱导的阿尔茨海默病小鼠体内的抗氧化能力，减轻炎症反应，从而起到保护脑部作用。此外，核桃多肽还能增强幼年小鼠学习、空间记忆能力、主动及被动回避能力，具有延缓记忆衰退的潜在作用，这可能与核桃多肽的抗氧化性有关[38]。

1.2.2.7 调节免疫

多肽可能通过增强机体淋巴细胞增殖和抗体生成调节免疫功能。核桃多肽可以提高小鼠胸腺和脾脏指数，增强巨噬细胞吞噬能力、脾脏T淋巴细胞增殖能力，增加肠道免疫球蛋白A（IgA）分泌，提高免疫能力[39]。采用中性蛋白酶酶解核桃蛋白制备的多肽具有显著提高脾脏淋巴细胞和巨噬细胞功能的作用。同时一些研究指出，核桃多肽可以调节细胞炎症因子［白细胞介素–10（IL–10）和白细胞介素–17A（IL–17A）］，并显著改善和促进斑马鱼巨噬细胞的抑制功能及墨汁吞噬能力，从而显示出良好的免疫调节作用[40]。

1.2.3 多酚

多酚类物质是核桃中一类重要的营养物质，具有抗氧化、清除自由基、抗癌等功效。核桃中的多酚类物质含量高于其他坚果和富含油脂的天然食品。研究表明，50g核桃仁中总酚含量为802mgGAE①，经鉴定其中鞣花单宁类含量较高[41]。此外，从核桃中鉴定出了先前未报道过的酚类物质，如 stenophyllanin C、malabathrin A、eucalbanin A、cornusiin B、heterophylliin E、pterocarinin B、reginin A和alienanin B[42]，核桃青皮中也含有较高含量的多酚类物质，主要为鞣花酸和单宁酸[43]。Zhang 等在核桃种皮中鉴定出了32种多酚类物质，其中单宁类化合物的含量高于核桃仁中的含量[44]。

1.2.3.1 抗氧性

核桃种皮多酚具有显著的抗氧化和自由基清除活性，这与多酚独特的化学结构有关。酚羟基可以作为氢供体阻断自由基的链式反应，从而阻止氧化过程，达到抗氧化的作用。此外，多酚还可以通过氢键和疏水相互作用与促氧化酶结合抑制酶活性，从而达到抗氧化的目的。研究表明，核桃多酚的抗氧化活性高于榛子、杏仁或花生等其他坚果多酚[41]。核桃种皮多酚的DPPH和ABTS自由基清除率高达21.4mmol TE②/100g和25.7mmol TE/100g，而核桃衣多酚的DPPH、ABTS自由基清除能力及铁离子还原能力（FRAP）最强，其DPPH自由基清除能力（IC_{50}=1.361μg/mL）为阳性对照维生素C（IC_{50}=4.704μg/mL）的3.46倍[45]。

1.2.3.2 抗菌活性

除了优异的抗氧化活性，核桃多酚还有较强的抗菌、消炎作用。多酚类物

① GAE：没食子酸当量。
② TE：α-生育酚当量。

质的抗菌活性主要与酚羟基在苯环上的数目和位置有关，羟基化程度越高，分子质量越大，抗菌活性越强。核桃不同部位的多酚的抗菌能力有一定差异，核桃青皮多酚的抗菌效果强于核桃衣多酚，核桃叶多酚对革兰阳性菌有较好的抑制效果。目前对核桃多酚抗菌效果的研究主要集中在核桃青皮多酚和核桃叶多酚，其余部位有待进一步研究[46, 47]。

1.2.3.3 抗癌

有关核桃多酚抗肿瘤活性的研究报道较多。流行病学研究和动物实验证明，哺乳动物中存在着具有广泛生物学作用的多酚类物质，起到抑制肿瘤细胞生长并诱导其死亡的作用。核桃仁多酚和鞣花酸都可以通过抑制肿瘤细胞的增殖和细胞因子的产生来达到抗癌的作用。还有研究显示，核桃不同部位的多酚对各类癌症的抑制效果也有差异，例如核桃仁多酚对肾癌抑制效果最佳，核桃叶多酚对结肠癌抑制效果最强[48]。

1.2.3.4 其他

除此之外，核桃多酚还有优异的神经保护（防治阿尔茨海默病、抗疲劳和改善记忆力等）[49]、降血脂（抑制低密度脂蛋白氧化、改善血脂紊乱）[50]和降血糖（防治糖尿病、改善糖代谢紊乱）[51]等作用。

1.2.4 多糖

众多学者对核桃不同组织部位的水提多糖进行了生物活性研究，发现核桃青皮、核桃壳、核桃分心木和核桃内种皮多糖均具有多种生物活性。研究发现，分离纯化的核桃分心木多糖具有抗肿瘤功效[52]，此外针对核桃分心木水提液对糖尿病小鼠血糖水平和胰腺结构影响的研究表明，核桃多糖可以降低糖尿病动物的血糖值[53]。核桃青皮多糖能够降低高果糖饮食小鼠的血糖水平，对胰岛素抵抗具有调节作用[54]。采用水杨酸法和邻苯三酚自氧化法测定核桃青皮多糖清除羟自由基和超氧自由基的能力，发现核桃青皮多糖具有总抗氧化能力，但其清除羟自由基、DPPH自由基、ABTS自由基的能力弱于维生素C[55]。分离纯化的核桃仁种皮多糖对金黄色葡萄球菌（*Staphylococcus aureus*）、枯草芽孢杆菌（*Bacillus subtilis*）、沙门氏菌（*Salmonella*）和大肠杆菌（*Escherichia coli*）有抑制效果[56]。分别用水、乙醇和丙酮3种溶剂对核桃仁进行提取，研究3种提取物对阿尔茨海默病模型大鼠白细胞介素-1（IL-1）、白细胞介素-6（IL-6）含量的影响，结果表明3种提取物均具有预防阿尔茨海默病模型大鼠患阿尔茨海默病的作用[57]。

2

核桃对脑健康的影响

2.1 改善学习记忆能力

学习记忆是人类最重要、最根本的脑功能之一，是人类文明进步与传承的基础。记忆是指大脑中的经验记录，或从外部世界接收、传输、编码、存储、保留和检索/回忆信息的阶段过程，包括通过大脑中的复杂活动进行无意识学习或有意识学习所获得的信息。人脑作为人类神经系统的指挥中心，具有复杂的信息存储与处理系统，获取的信息可以被处理成不同形式的记忆（如感觉记忆、短期记忆和长期记忆）。海马是大脑中调节学习和记忆的关键区域，对生活环境具有高度敏感性。记忆、学习和认知过程在很大程度上受到衰老和代谢状态、饮食、整体生活质量、生活体验（包括压力）的影响[58]。认知障碍和记忆丧失与胆碱能变性、海马损伤、神经递质减少、血脑屏障受损和突触损伤密切相关。此外，氧化应激可诱导内源性抗氧化酶的损伤，以及中枢神经系统（CNS）的细胞毒性和神经炎症反应，可能导致与年龄相关的神经退行性疾病的发生和发展，如阿尔茨海默病、血管性痴呆（VD）和帕金森病等[59]。

大量研究证明，摄入核桃可改善认知功能和学习记忆力。王安绪等采用随机对照双盲试验设计，通过人群干预研究，观察核桃对学生记忆功能的作用。结果显示，干预组的指向记忆、联想学习和图像自由回忆的测验量表得分及记忆商（评估个体记忆能力的指标）高于试验前，且均有显著性差异，说明核桃植物蛋白饮料具有辅助改善记忆能力的作用[60]。一项人群试验对年轻人和老年人在食用核桃前后的认知能力进行对比发现，短期补充核桃对年轻人记忆、语言的影响更为显著；没有任何认知障碍的老年人（67～75岁）每天补充15g核桃、7.5g榛子和7.5g杏仁后，与另一组没有摄入坚果的人群相比，在认知功能和记忆方面表现更好[61]。在另一项针对老年女性的临床试验中，未摄入坚果组与摄入坚果组之间认知得分的差异相当于两年的认知衰老[62]。核桃对认知和学习记忆的有益作用在很大程度上得益于其含有的丰富的生物活性化合物，如多酚、多肽、维生素 E、叶酸、褪黑素和α-亚麻酸等，不同化合物改善学习记忆能力的机制虽有差异，但联系密切。

2.1.1 缓解神经细胞氧化应激

氧化应激是指机体在需要清除体内老化的细胞，或在遭受各种有害刺激时，体内活性氧自由基（ROS）和活性氮自由基（RNS）产生过多，导致氧化系统和抗氧化系统失衡。氧化应激产生的自由基损伤脱氧核糖核酸（DNA）、蛋白质和脂质，诱发基因突变、蛋白质变性和脂质过氧化，引起细胞和组织的生理反应和病理变化。大脑的高耗氧量需求、氧化还原活性金属（如铁或铜）的大量存在以及脆弱的抗氧化防御系统［谷胱甘肽（GSH）水平相对较低］使其容易受到氧化应激的影响，直接或间接导致神经元死亡。在大多数神经退行性疾病，如阿尔茨海默病、帕金森症、亨廷顿舞蹈症和肌萎缩侧索硬化症中，经常观察到ROS和RNS水平升高以及抗氧化防御机制受损[63]。由于中枢神经系统对氧化应激的易感性，通过改善氧化应激来延缓或预防神经细胞变性已成为预防神经退行性疾病的策略之一。

有学者报道，饮食中补充核桃可减少阿尔茨海默病转基因模型（AD-tg）小鼠的氧化损伤，小鼠在5个月内被喂食含有6%或9%核桃（相当于人类每天摄入28g或42g核桃）的饮食后，与对照组（未添加核桃组）小鼠相比，其氧化应激显著降低，ROS、脂质过氧化和蛋白质氧化水平降低，抗氧化酶活性增强。长期补充核桃10或15个月对于减轻AD-tg小鼠的氧化应激更有效，证明富含核桃的饮食通过减少氧化应激有助于降低神经退行性疾病的患病风险[64]。另有研究发现，向16名健康男性和女性提供全山核桃、混合山核桃或用精制成分制成的等热量膳食，食用全山核桃餐后2h，氧化低密度脂蛋白水平下降

29.6%，餐后3h下降33.3%，餐后8h下降26.3%，血浆γ-生育酚的浓度增加1倍。山核桃也是表没食子儿茶素没食子酸酯（EGCG）的来源。摄入山核桃后血浆EGCG水平在1h后达到（95.1 ± 30.6）nmol/L，在2h后达到（116.3 ± 80.5）nmol/L，证明食用山核桃会向血液中释放大量抗氧化物质[65]。

核桃活性肽近年来一直受到学者的广泛关注。核桃蛋白是活性肽的新兴优质植物蛋白质来源，其蛋白质消化率高于85%。核桃醇溶蛋白具有独特的氨基酸组成，富含支链氨基酸和中性氨基酸，具有植物蛋白中罕见的氨基酸组成特征[66]。核桃活性肽在人体胃肠消化系统中具有较高的生物利用度，以及改善神经细胞氧化应激从而提升学习和记忆能力的潜力[67]。大量的核桃抗氧化肽被鉴定及发掘。核桃肽EVSGPGLSPN（Glu–Val–Ser–Gly–Pro–Gly–Leu–Ser–Pro–Asn）可以显著减少PC12细胞内ROS的产生，增强超氧化物歧化酶、过氧化氢酶（CAT）和谷胱甘肽过氧化物酶（GSH–px）的活性，并调节NF–κB途径预防过氧化氢诱导的神经毒性[22]。QGRPWG（Gln–Gly–Arg–Pro–Trp–Gly）的氧自由基吸收能力（ORAC）达到2801μmol TE/g，AYNIPVNIAR（Ala–Tyr–Asn–Ile–Pro–Val–Asn–Ile–Ala–Arg）同样以剂量依赖性方式抵抗过氧化氢诱导的PC12氧化应激[21]。通过核磁共振（NMR）光谱测定核桃肽PW5（Pro–Pro–Lys–Asn–Trp，PPKNW）抗氧化活性高，IC_{50}达到（0.2210 ± 0.0032）mmol[68]。核桃抗氧化肽KGHLFPN（Lys–Gly–His–Leu–Phe–Pro–Asn）同时具有二肽基肽酶–4（DPP–Ⅳ）抑制作用，且经过模拟胃肠消化后，肽的抗氧化性增强[69]。核桃四肽SGGY（Ser–Gly–Gly–Tyr）能显著降低人神经母细胞瘤细胞（SH–SY5Y）ROS含量，改善线粒体膜电位，抑制凋亡，激活核因子E2相关因子（Nrf2）信号通路，并抑制过氧化氢（H_2O_2）诱导的*c–Jun*氨基末端激酶（JNK）和丝裂原活化蛋白激酶（MAPKs）信号通路的激活[70]。脱脂核桃粕水解物可以在Morris水迷宫测试①和小鼠避光测试中抵抗D–半乳糖诱导的学习和记忆障碍，WSREEQEREE（Trp–Ser–Arg–Glu–Glu–Gln–Glu–Arg–Glu–Glu）

① Morris水迷宫测试：强迫实验动物游泳，学习寻找隐藏在水中平台的一项行为学实验。

和ADIYTEEAGR（Ala–Asp–Ile–Tyr–Thr–Glu–Glu–Ala–Gly–Arg）同样能够抑制H_2O_2诱导的PC12[71]。核桃衍生肽TWLPLPR（Thr–Trp–Leu–Pro–Leu–Pro–Arg）通过JNK途径激活PINK1，降低H_2O_2诱导线粒体通透性转换孔的开放，并抑制线粒体生物能量缺陷抵抗氧化应激（图1）[72]。对核桃抗氧化肽的氨基酸组成分析表明，含有疏水性氨基酸的肽占比达到88.52%，因为肽的疏水性可以促进肽在水–脂质界面存在，并有利于清除脂质相中的自由基。同时，疏水性肽可以相对容易地穿过细胞膜，促进肽在脂肪中的溶解，并增强与自由基的接触。

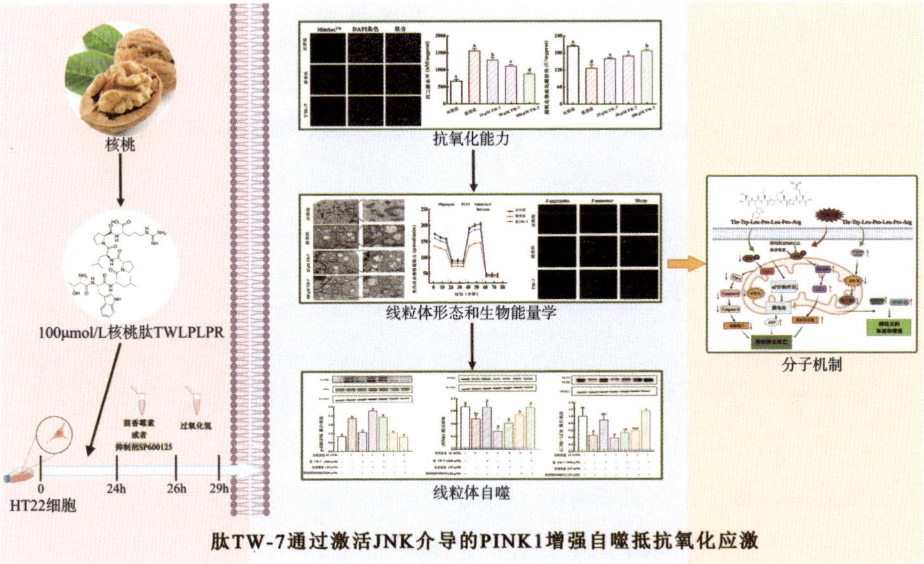

图1 核桃肽激活JNK通路改善神经元氧化应激[72]

有人认为核桃的健康益处不应归因于单一成分，而可能是坚果中多种化合物之间的相互作用。除了生物活性肽，核桃还含有多种独特而强效的抗氧化剂，包括多不饱和脂肪酸、生育酚、抗氧化多酚（儿茶素、白藜芦醇、鞣花素）、植物甾醇（豆甾醇、樟脑甾醇、谷甾醇）等。在树坚果中，核桃含有最佳PUFA与饱和脂肪酸的比例，平均为8.2：1。有学者从核桃皮中分离获得三种高抗氧化活性单宁，即2, 3-六羟基二苯甲酰葡萄糖（2, 3-hexahydroxydiphenoylglucose）、花梗素（pedunculagin）和2, 3, 4, 6-四没食子葡萄糖（2, 3, 4, 6-tetragalloylglucose）。鞣花素之一的花梗素显示出了高抗氧化活性[71]。有学者采用水提醇沉法制备核桃壳多糖（含有鼠李糖、阿拉伯糖、半乳糖、葡萄糖、木糖和半乳糖醛酸，各单糖组分物质的量占比分别为6.7%、16.5%、28.3%、11.2%、12.5%和4.8%），核桃壳多糖及其衍生物，特别是磷酸化核桃壳多糖表现出良好的抗氧化活性[73]。

核桃分心木是一种干燥木质隔膜，位于核桃仁之间，是核桃加工产业副产物，富含多酚物质。采用超声辅助法提取核桃分心木多酚，得率达到（74.72 ± 1.85）mg/g。核桃分心木中鉴定出4种多酚单体，即儿茶素、芦丁、没食子酸、槲皮素，其中儿茶素含量最高。核桃分心木多酚对超氧阴离子和羟自由基的清除能力呈现剂量依赖性趋势，且活性高于抗氧化剂2, 6-二叔丁基对甲酚（BHT）[74]。

2.1.2 降低炎症水平

神经炎症是神经退行性疾病的早期事件，是中枢神经系统的先天免疫反应。小胶质细胞在中枢神经系统的炎症反应中起着关键作用，其活化后增殖并迁移到炎症部位，可以分泌蛋白酶、炎症介质前列腺素E2（PGE2）、促炎细胞因子［白细胞介素-1β（IL-1β）、白细胞介素-6（IL-6）、白细胞介素-12（IL-12）］、干扰素-γ（IFN-γ）和TNF-α，同时产生ROS和NO。神经炎症级联反应释放的促炎细胞因子可能导致认知功能下降，研究人员已经在阿尔茨海默病患者的大脑中观察到促炎细胞因子水平升高。在人类衰老过程中，大脑中的神经炎症诱导海马的结构和功能变化，从而使得学习能力和记忆力逐渐下降[75]。氧化应激和炎症反应之间相互依赖和串扰，神经炎症过程诱导氧化应激，而氧化应激也通过激活包括NF-κB通路在内的多种途径诱导促炎基因的表达来引起神经炎症。神经炎症同样与淀粉样斑块（Aβ）、神经原纤维缠结

（NFTs）以及神经元的线粒体功能障碍和细胞损伤有关。神经炎症和相关炎症反应可以通过中枢神经系统免疫细胞的激活程度、血脑屏障通透性、细胞因子水平、微管结合蛋白（如Tau蛋白）错误折叠及聚集的程度来评估[55]。

《美国心脏病学会杂志》(*Journal of the American College of Cardiology*，JACC）发表的一项涉及634名参与者的研究［核桃与健康老龄化（WAHA)，NCT01634841］，发现核桃有助于降低炎症风险。研究人员将受试者分为试验组和对照组。试验组的饮食中每天添加30～60g核桃，并持续2年；对照组则不添加。通过对比发现，试验组受试者体内10种炎症标志物中，有6种炎症因子水平明显下降，即粒细胞-巨噬细胞集落刺激因子（GM-CSF）、IFN-γ、IL-1β、IL-6、TNF-α、可溶性E-选择素（sE-selectin)。尽管有一项荟萃分析认为坚果对炎症没有影响，但其研究样本量小且随访时间短，而WAHA研究是迄今为止规模最大、持续时间最长的核桃人群试验，证明了将核桃纳入日常饮食会改善炎症生物标志物水平[76]。此外，有学者通过在 PubMed、EMBASE、Cochrane Library、Scopus 和 ClinicalTrials.gov 数据库中进行系统搜索，检索随机对照试验，发现有11项交叉试验和6项平行试验均能够证明富含核桃的饮食对一些炎症标志物水平的降低具有统计学意义，并且对人体血糖参数没有影响[77]。

核桃具有高含量的α-亚麻酸和植物呋喃，当啮齿动物被饲喂核桃时，与对照组相比，其肝脏和心脏组织中的α-亚麻酸和二十碳五烯酸（EPA）水平增加，减少了异前列腺素和12-羟基二十碳四烯酸含量。此外，核桃饮食中的高含量α-亚麻酸会提高肝脏和心脏组织中的植物前列腺素和植物呋喃水平，并且调节肝脏中的抗炎脂质水平。

核桃提取物及核桃中的特色功能因子也能减少神经炎症。有学者评估了核桃提取物或多不饱和脂肪酸预处理对原代海马神经元细胞死亡和钙失调的影响，结果发现，核桃提取物、α-亚麻酸和二十二碳六烯酸（DHA）可有效防止细胞死亡和钙异常，预防与年龄有关的细胞功能障碍[78]。核桃油以浓度和时间依赖性方式减弱脂多糖（LPS）诱导的亚硝酸盐、环氧合酶-2（COX-2）

和一氧化氮合酶（iNOS）水平，减轻小胶质细胞的炎症[79]。

核桃活性肽具有潜在抗炎特性。核桃衍生肽LPLLR（Leu–Pro–Leu–Leu–Arg）能够抑制NF–κB/MLCK/MLC信号通路，通过下调小胶质细胞标志物蛋白离子化钙结合适配分子–1（IBA–1）和肠上皮细胞增殖因子，改善海马神经元损伤，保护血脑屏障的完整性，提高认知障碍小鼠的学习和记忆能力[80]。当人急性单核细胞白血病细胞（THP–1）暴露于LPS诱导炎症反应时，核桃肽YVLLPSPK（Tyr–Val–Leu–Leu–Pro–Ser–Pro–Lys）显著抑制IL–6和单核细胞趋化蛋白–1（MCP–1）水平并降低其核糖核酸（RNA）的表达。同时发现，YVLLPSPK（Tyr–Val–Leu–Leu–Pro–Ser–Pro–Lys）可降低DNA甲基转移酶（DNMTs）的活性，改善东莨菪碱（SCOP）诱导的认知缺陷[81]。在脂多糖诱导的人正常上皮细胞（NCM460）炎症中，核桃肽IPAGTPVYLINR（Ile–Pro–Ala–Gly–Thr–Pro–Val–Tyr–Leu–Ile–Asn–Arg）、FQGQLPR（Phe–Gln–Gly–Gln–Leu–Pro–Arg）和VVYVLR（Val–Val–Tyr–Val–Leu–Arg）能够降低5–羟色胺（5–HT）、TNF–α和血管内皮生长因子（VEGF）的表达，同时减轻细胞凋亡[82]。通过虚拟筛选、生物信息学和网络药理学方法联合应用，并结合体外抗炎活性和COX–2抑制活性，筛选获得核桃衍生活性肽SHTLP（Ser–His–Thr–Leu–Pro）、HYNLN（His–Tyr–Asn–Leu–Asn）和LGTYP（Leu–Gly–Thr–Tyr–Pro），是理想的抗炎食品原料[83]。

2.1.3 清除淀粉样蛋白Aβ

淀粉样斑块，作为阿尔茨海默病的典型病理特征之一，其主要成分是Aβ。Aβ是由淀粉样前体蛋白（Amy–loid precursor protein，APP）经过*β*–分泌酶和*γ*–分泌酶两步切割形成的多肽，由于*γ*–分泌酶的切割位点不同，导致Aβ多肽片段含有不同的C端。其中，最常见的两种亚型是$A\beta_{40}$和$A\beta_{42}$。在Aβ纤维化的过程中产生的低聚态中间体，相较于成熟的淀粉样纤维，表现出较高的神经毒性，不仅会损害学习能力和记忆功能，还会引起神经病理学上的损伤和恶化。近年来的研究结果显示，寡聚体通过以下三条途径对细胞造成损伤：①Aβ寡聚体与细胞膜和膜受体产生相互作用，引起细胞膜穿孔和细胞信号通路的改变；②Aβ寡聚体进入细胞后在细胞内积累，影响细胞器的功能和细胞内环境的稳态；③Aβ寡聚体在细胞间传播，导致淀粉样斑块的形成，从而引发Tau蛋白过度磷酸化，进而使神经元功能丧失，加快阿尔茨海默病的病理进程[84]。值得注意的是，生理性APP水平对中枢神经系统具有神经营养作用。APP通过激活长时程增强（LTP）和加速神经突生长，在大脑生长和发育中发挥关键作用。此外，APP被*α*–分泌酶裂解，在非淀粉样蛋白生成途径中形成具有神经保护性的可溶性 APP α（sAPP α）[83]。

核桃中的活性成分能够干预Aβ的代谢，降低其在大脑中的积累，这对于阿尔茨海默病等神经退行性疾病的预防具有潜在的重要意义。核桃提取物可以抑制Aβ的原纤维化，具有抗淀粉样变性的特性[85]。在已转染淀粉样前体蛋白APP_{695}的SH–SY5Y 细胞中，亲脂性核桃提取物（主要成分是亚油酸、油酸、*α*–亚麻酸、*γ*–生育酚和*δ*–生育酚）能够显著降低过氧化物酶活性，使腺嘌呤核苷三磷酸（ATP）水平以及柠檬酸合酶活性增加，膜完整性不受影响，$Aβ_{1-40}$形成减少，证明核桃油可以降低早期Aβ水平并增加神经轴突长度[86]。

此外，核桃活性肽能够通过减少Aβ斑块积累发挥其对认知改善的作用。据报道，从核桃蛋白水解产物中筛选获得了一种具有抗$Aβ_{42}$聚集活性的生物活性肽PW5（Pro–Pro–Lys–Asn–Trp），通过经典的APP/PS1小鼠模型发现 PW5能够减少Aβ斑块聚集，在PW5干预后，血清去甲肾上腺素和异戊酸水平显著升高，乙酰胆碱（Ach）和戊酸水平降低，PW5还通过增加厚壁菌门（Firmicutes）的相对丰度和减少变形菌门（Proteobacteria）和疣微菌门（Verrucomicrobia）来改善APP/PS1转基因小鼠的肠道微生态失调（图2）[87]。大量研究表明，将Aβ注射到小鼠海马中会导致Aβ沉积，并在大脑中触发神经退行性级联反应，导致认知障碍。通过对小鼠在Morris水迷宫中的空间记忆表现、海马和皮层胆碱能功能标志物以及神经病理学变化的评估，证明脱脂核桃粉的摄入能够改善AD模型小鼠的空间学习和记忆，减少皮层及海马的组织病理学损伤[88]。此外，通过6个月对快速老化小鼠（SAMP8）的干预试验证明核桃低聚肽可以显著增加脑源性神经营养因子（BDNF）和突触后密度蛋白（PSD95）的表达，调节脑中腺苷酸活化蛋白激酶（AMPK）、沉寂信息调节因子（SIRT-1）和过氧化物酶体增殖物激活受体γ共激活因子-1α（PGC-1α）表达，增加线粒体DNA含量，降低APP和Aβ_{1-42}的水平，改善与衰老相关的学习/记忆能力的下降[89]。非洲核桃乙醇提取物通过调节寡α-突触核蛋白水平、氧化还原活性和葡萄糖生物能来对抗锰毒性诱导的海马帕金森病的变化。免疫组织化学评估显示，核桃提取物治疗后神经原纤维缠结和反应性星形胶质细胞增生的表达减少。

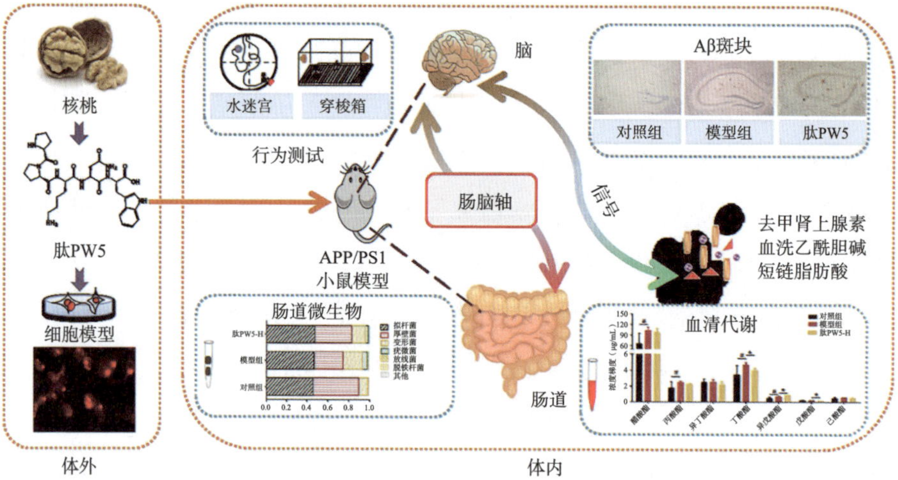

图2 核桃衍生肽PW5显著减少Aβ沉积[90]

2.1.4 改善突触可塑性

突触是神经细胞间的连接，突触可塑性即其连接强度可调节的特性。突触可塑性的产生有多种原因，例如，突触中释放的神经递质数量的变化、细胞对神经递质的反应速率。突触可塑性被认为是构成记忆力和学习能力的重要神经化学基础，反映了神经细胞引起神经元网络之间连接变化的能力。神经退行性导致突触丢失和神经营养因子介导的信号传导受损[87]。BDNF通过与酪氨酸激酶受体B（TrkB）等受体结合，促进大脑神经细胞突触的形成和稳定，以及长时程增强[91]。活化的BDNF可上调突触可塑性相关蛋白的表达，如突触素（SYN）和PSD95。环磷酸腺苷（cAMP）反应元件结合蛋白磷酸化（p-CREB）的增强也有助于突触的形成和海马依赖性记忆的强化。

核桃中的营养成分对神经突触的形成和调节有积极作用，特别是在促进突触可塑性方面，直接影响了学习能力和记忆力的形成，有助于提高认知功能。海马*N*-甲基-D-天冬氨酸受体（NMDARs）有多种亚基，特别是NR2A和NR2B，对LTP的诱导和维持至关重要，也是海马突触可塑性所必需的。雄性SD大鼠饲喂添加6%核桃的日粮8周后，NR2A和NR2B的表达升高，证明核桃可能通过调节海马NMDARs和脂质过氧化水平，对认知功能的下降具有保护作用。在小鼠海马神经元细胞（HT22）中，核桃源肽TWLPLPR（Thr-Trp-Leu-Pro-Leu-Pro-Arg，TW-7）通过与经典补体成分1qC1q介导的小胶质细胞吞噬突触的相关机制，对LPS诱导的小鼠认知缺陷具有神经保护作用（图3）[92]。同时，核桃肽TW-7能够增加树突棘密度，通过抑制核苷酸寡聚化结构域（NOD）样受体蛋白3（NLRP3）炎症小体的激活进而改善2型糖尿病（T2DM）神经炎症和突触功能障碍[93]。核桃蛋白水解物干预后，BDNF、PSD95和p-CREB表达显著提高，证明海马突触可塑性增强，并以剂量依赖性方式缓解大鼠的神经递质乙酰胆碱和γ-氨基丁酸释放异常以及海马组织病理学损伤，从而能够改善酒精引起的认知障碍[94]。

核桃油因其改善认知的潜力而被认可。通过比较分析不同治疗组小鼠海马突触结构、氧化应激、神经递质、脑转录组、炎症因子和肠道微生物群的变化，发现补充核桃油8周可以显著预防东莨菪碱引起的小鼠认知行为缺陷和突触功能障碍。核桃油处理组中突触传递基因、肠道微生物群和神经传递之间存在显著相关性。膳食补充核桃油可以通过CNS和下丘脑-垂体-肾上腺（HPA）轴改善认知障碍[95]。类似研究发现，与模型对照组比较，核桃油处理组的学习记忆能力显著升高；神经元细胞排列变得整齐、结构趋向完整；海马组织的

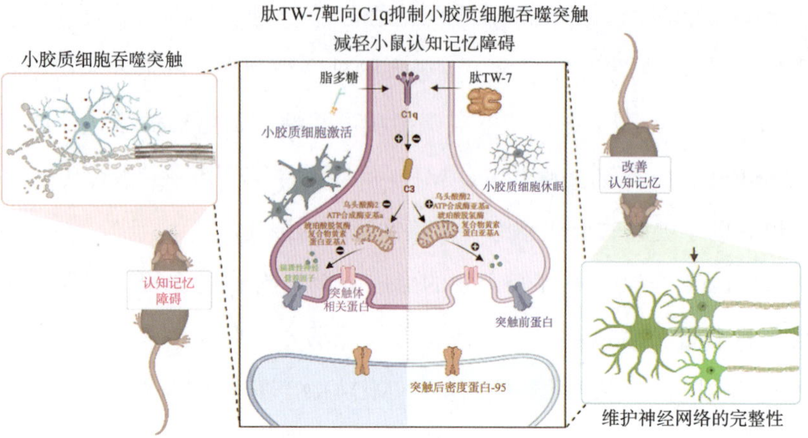

图3 核桃肽减少小胶质细胞对突触的吞噬作用

Ach含量增加，乙酰胆碱酯酶（AchE）活性降低；核桃油对东莨菪碱诱导的认知障碍具有改善作用，其机制可能与激活BDNF/TrkB/CREB信号通路调节突触可塑性有关[96]。

2.1.5 修复血脑屏障渗漏

改血脑屏障（BBB）是一种高度选择性的通透性屏障，它调节内源性和外源性化合物的通过，以促进特定营养物质的运输，精确调节离子稳态，保护大脑免受许多病原体和有毒化合物的侵害，是维持CNS内部环境稳态的结构基础。血脑屏障是一种动态结构，由脑内皮细胞（BECs）、基底膜和嵌入其中的周细胞、星形胶质细胞足突及细胞间紧密连接（TJ）组成。其中，BECs是BBB的主要形态结构。与身体其他部位具有高通透性的血管内皮细胞相比，BBB中的内皮细胞之间有连续而致密的紧密连接蛋白。这些独特的结构特征限制了活性物质的细胞旁运输，可以严格调节离子、分子及细胞在血液和大脑之间的运输[97，98]。

研究表明，Aβ沉积和炎症都会破坏TJ的结构和功能，增加血脑屏障的局部通透性，这与多种神经系统疾病有关，如创伤性脑损伤、多发性硬化症、血管性痴呆和阿尔茨海默病。最近的影像学研究表明，超过90%的阿尔茨海默病患者的海马和海马旁明显可见血脑屏障破坏，这表明血脑屏障破坏可能是阿尔茨海默病的早期标志事件[99]。

核桃对血脑屏障的完整性具有保护作用，其抗氧化和抗炎成分有助于减少血脑屏障的破损，保持其功能，这对于维持大脑内环境稳定，促进学习记忆能力至关重要。在$A\beta_{25-35}$受损的 bEnd.3细胞中，核桃活性肽TWLPLPR（Thr–Trp–Leu–Pro–Leu–Pro–Arg）通过与基质金属蛋白酶–9（MMP–9）形成稳定的复合物抑制NF–κB p65/iNOS通路，增加了紧密连接蛋白–1（ZO–1）和紧密连接蛋白（Claudin–5）的表达，维护BBB的完整性，改善认知功能（图4）[100]。核桃肽LPLLR（Leu–Pro–Leu–Leu–Arg）促进TJ表达，保护血脑屏障完整性。同时，通过下调小胶质细胞标记蛋白IBA–1，防止突触蛋白变性，改善海马神经元损伤[80]。脱脂核桃粕水解物和茶多酚的联合能够协同增效，改善血脑屏障的渗透性，逆转记忆障碍[101]。另有研究发现，核桃乙醇提取物改善了$A\beta_{1-42}$诱导的ICR小鼠行为功能障碍和记忆缺陷，对抗氧化系统和胆碱能系统

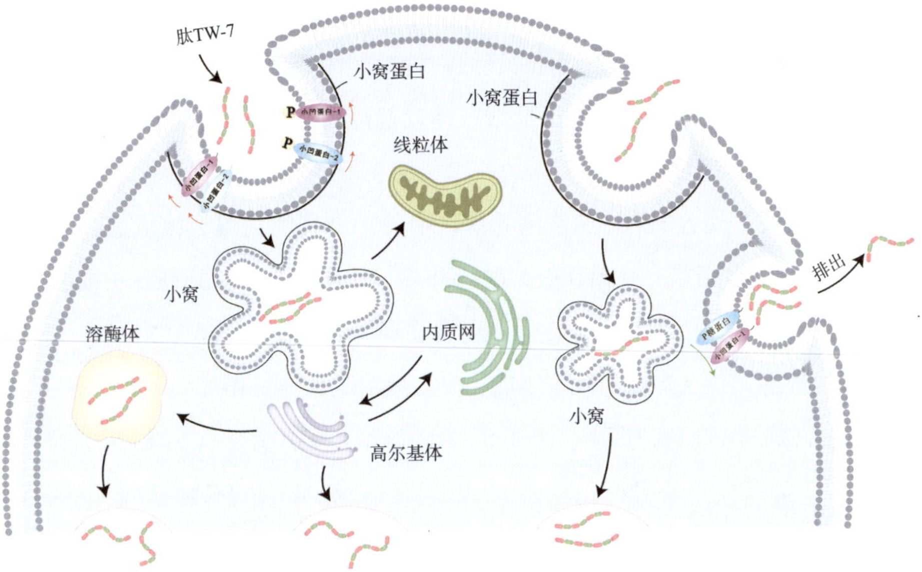

图4 核桃肽TW–7基于小窝蛋白跨血脑屏障转运机制

具有保护作用，改善线粒体膜电位ATP含量，进而抑制$A\beta_{1-42}$诱导的线粒体功能异常，同时调节与血脑屏障功能有关的ZO-1表达[102]。

2.1.6 促进海马体细胞和线粒体自噬

自噬是一种在进化上保守的细胞内分解代谢过程，是真核细胞在自噬相关基因（*Atg*）的调控下利用溶酶体降解亚细胞成分（包括错误折叠的蛋白质和受损的细胞器）的降解过程。自噬可防止细胞损伤，促进细胞在营养缺乏的情况下存活，并对细胞毒性刺激做出反应。因为神经元是有丝分裂后的细胞，所以在神经元中维持细胞和功能稳态比在其他类型的细胞中更重要。许多神经退行性疾病的进展被认为是由错误折叠的蛋白质聚集驱动的，因此，自噬活性被认为在一定程度上影响神经退行性疾病，自噬活性的抑制会加速疾病进展。

线粒体是细胞代谢的中心枢纽，线粒体自噬是通过自噬选择性去除功能失调、受损或多余线粒体的过程[103]，可以分为Parkin依赖性和Parkin非依赖性途径（这两种途径之间可能发生串扰）。作为一种重要的自噬形式，线粒体自噬对维持线粒体稳态至关重要，同时，线粒体功能障碍使神经元对氧化应激和生物能量缺陷等多种损伤敏感，因此线粒体功能障碍和线粒体自噬损伤常见于神经退行性疾病患者的大脑中[104]。

研究发现，用含6%或9%核桃的饮食喂养19个月的大鼠，核桃通过抑制哺乳动物雷帕霉素靶蛋白（mTOR）的磷酸化，上调自噬相关蛋白7（Atg7）和Beclin-1［自噬相关蛋白6（Atg6）］进而表现出自噬的上调。在海马中，多泛素化蛋白质聚集体（如p62/SQSTM1）的清除比纹状体更彻底[105]。

核桃肽TWLPLPR（Thr-Trp-Leu-Pro-Leu-Pro-Arg）、YVLLPSPK（Tyr-Val-Leu-Leu-Pro-Ser-Pro-Lys）和KVPPLLY（Lys-Val-Pro-Pro-Leu-Leu-Tyr）通过激活自噬缓解$A\beta_{25-35}$诱导的PC12氧化应激，增加Beclin-1和微管相关蛋白Ⅱ轻链3（LC3-Ⅱ）的水平促进自噬，同时降低p62的表达，提高溶酶体膜相

关蛋白1（LAMP1）、溶酶体膜相关蛋白2（LAMP2）和组织蛋白酶D（Cathepsin D）的水平，并促进与溶酶体融合形成自溶体[106]。核桃活性肽CTLEW（Cys-Thr-Leu-Glu-Trp）诱导MCF-7凋亡和自噬，显著抑制Caco-2和HeLa细胞生长，但对非癌大鼠隐窝上皮细胞（IEC-6）未显示任何细胞毒性[107]。核桃肽LP5可以通过AMPK/mTOR/ULK1通路在胰岛素抵抗人肝癌细胞（HepG2）中激活自噬[108]。核桃活性肽对于线粒体自噬的调节作用也被证实。核桃肽YVLLPSPK（Tyr-Val-Leu-Leu-Pro-Ser-Pro-Lys）可通过Nrf2/kelch样ECH相关蛋白Keap1/HO-1信号通路激活磷酸酶张力蛋白同源物（PTEN）诱导的线粒体激酶1（PINK1），促进线粒体自噬，从而显著改善东莨菪碱诱导的认知受损小鼠学习和记忆障碍（图5）。此外，YVLLPSPK（Tyr-Val-Leu-Leu-Pro-Ser-Pro-Lys）还能减轻线粒体形态损伤[109]。核桃衍生肽TWLPLPR（Thr-Trp-Leu-Pro-Leu-Pro-Arg）通过JNK途径激活PINK1，增强线粒体自噬，抑制HT22细胞

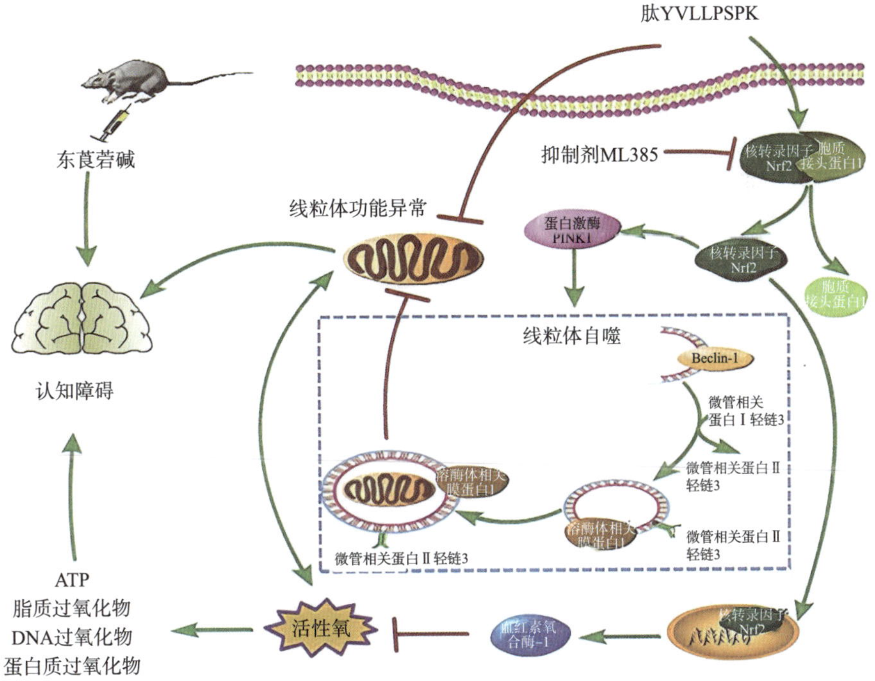

图5 核桃活性肽YVLLPSPK调节线粒体自噬机制[106]

线粒体凋亡，降低H_2O_2诱导线粒体通透性转换孔的开放，并抑制线粒体生物能量缺陷[72]。

2.1.7 改善神经递质水平

提神经递质是神经元之间或神经元与效应器细胞之间传递信息的化学物质。根据神经递质的化学组成特点，主要有胆碱类（Ach）、单胺类[5–HT、多巴胺（AD）和去甲肾上腺素（NE）]、氨基酸类（兴奋性递质如谷氨酸和天冬氨酸；抑制性递质如γ–氨基丁酸、甘氨酸和牛磺酸）及神经肽类等。神经递质含量的变化会影响大脑的认知能力。在大脑衰老的过程中，胆碱能神经元发生轻度或中度退行性变化，导致神经冲动减少和信号传递不足，胆碱能系统功能障碍，最终导致学习障碍和记忆丧失，一般通过测定Ach水平、AchE活性、胆碱乙酰转移酶（ChAT）表达来衡量[110]。

核桃通过影响神经递质的合成和释放，有助于改善神经信号的传导，从而增强学习和记忆能力，尤其是核桃活性肽对神经递质的调节作用被广泛报道。3, 4–二羟基苯胸腺胺（多巴胺）是一种神经递质，其代谢和ROS的产生是一个高度相关的过程。核桃仁提取物和胡桃醌显著提高了大鼠脑中的多巴胺水平，降低了肝脏和脑组织的氧化应激[111]。核桃对高脂饮食诱导的C57BL/6小鼠认知功能障碍具有保护作用，能够调节乙酰胆碱水平、乙酰胆碱酯酶活性以及乙酰胆碱转移酶表达，抑制胆碱能系统损害。对小鼠施用胆碱能拮抗剂会导致小鼠辨别能力下降和记忆受损，但通过给予胆碱能激动剂可以缓解认知障碍[112]。

小分子质量核桃肽（相对分子质量小于3ku）调节神经递质（5–HT、AD和NE）含量，维持海马 CA3区锥体神经元完整，并增加脑组织中钙调素依赖性蛋白激酶Ⅱ的水平从而提高记忆能力[113]。核桃蛋白中提取的富含精氨酸的多肽能够调节神经递质（Ach、AchE）水平[114]。同时，核桃蛋白水解物可以缓解胆碱能系统的损伤，对东莨菪碱诱导的小鼠和斑马鱼的认知和记忆障碍有改善作用，核桃肽FY（Phe–Tyr）和SGFDAE（Ser–Gly–Phe–Asp–Ala–Glu）被认为是胆碱酯酶和Keap1的潜在抑制剂[115]。此外，核桃肽和人参提取物能够协同调节神经递质（AchE、Ach、ChAT、Glu、DA和5–HT）的含量，改善东莨菪碱引起的记忆障碍[116]。

核桃油对大鼠空间记忆具有显著影响。在雌性大鼠的饮食中补充核桃油后，离子通道基因*Asic2a*和*Asic4*的mRNA和蛋白质水平以剂量依赖的方式显著增加，神经递质AChE、抗氧化酶SOD和NOS的活性显著升高，与海马依赖性认知表现呈正相关，脂质过氧化指标MDA含量无显著变化，进一步证明核桃油的摄入有助于防止老年人认知能力下降[117]。

2.2 辅助改善睡眠障碍

睡眠是人体至关重要的生理需求，可以维持体内稳态以及健康的身心状态；失眠会导致疲劳、焦虑沮丧、嗜睡、免疫力下降，更甚者危及生命。生活方式的加快、日常饮食习惯的不规律以及其他类似因素导致失眠人群的数量增加。在全球范围内，有10%~15%的成年人患有慢性失眠，另有25%~35%的成年人患有短暂的偶发性睡眠障碍[118]。睡眠与人类的认知息息相关，对学习和记忆至关重要[119]。睡眠期间大脑可对获得的信息进行整理修饰并巩固成长时记忆。与学习记忆关系较大的是快速眼动睡眠期（REM），诸多研究通过REM睡眠剥夺求证睡眠与学习记忆能力的联系[120]。研究发现，睡眠剥夺包括睡眠缺失、睡眠不足和片段睡眠，会导致海马依赖性短期和长期记忆受损[121]以及血脑屏障通透性增大[122]，从而损害记忆力。

在失眠的传统治疗方法中，最常用的治疗手段是药物治疗。目前，临床上该类药物主要有巴比妥类、苯二氮卓类、非苯二氮卓类等，但都存在各种限制，例如巴比妥类药物被证实主要作用于GABA能信号系统，通过改变其受体构象来影响相关离子通道从而引起神经抑制。但因其安全性低、不良反应多等缺点在临床上已基本淘汰。苯二氮卓类是目前最广泛的催眠药物之一，其通过增加相关离子通道开放频率而不是开放时间来发挥作用，虽然安全范围广，但长期使用可能会引起耐药性、运动失调等不良反应。非苯二氮卓类为目前治疗失眠短期效果最显著的药物之一，但仍会引起一些不良反应，如头晕易困、注意力难以集中等。人们倾向于寻求功效性明显、毒副作用小、无成瘾性的天然化合物以改善睡眠障碍。

核桃中的活性成分能很好地满足上述需求，通过调节神经细胞氧化应激、褪黑素及神经递质水平进而改善睡眠障碍。

2.2.1 调节神经细胞氧化应激

睡眠剥夺引起的记忆障碍与海马组织内氧化应激的诱导有关[123]。氧化应激是导致机体衰老的关键因素，会对CNS造成直接伤害，主要是由于中枢神经细胞耗氧量大但抗氧化水平相对较低，神经元处于氧化应激高风险中[124]。酶和非酶抗氧化防御系统可以消除过氧化物并防止自由基对神经元的损害[125]。据报道，睡眠不足会导致抗氧化酶（CAT、SOD和谷胱甘肽过GSH–px）活性降低，谷胱甘肽/氧化型谷胱甘肽（GSH/GSSG）比率降低，海马中MDA含量增加[126]。通常情况下，ROS与机体内抗氧化系统协调维持稳态，所以少量的ROS不会对机体造成损伤。但当ROS大量累积时，机体内发生氧化应激，使脂质过氧化进而损伤神经细胞。

有报道证明，服用核桃提取物90d对青少年和老年人的睡眠质量有改善作用，核桃提取物通过抗氧化应激增强记忆能力，提高BDNF水平及青少年和老年人的智商分数[127]。如前所述，核桃是抗氧化活性肽的良好来源。有研究建立$A\beta_{25-35}$诱导PC12细胞体外氧化应激模型，发现核桃活性肽对体外细胞氧化损伤有保护作用，具有降低ROS功效的高抗氧化活性肽LPLLR（Leu–Pro–Leu–Leu–Arg），通过降低细胞中MDA含量，提高SOD、CAT、GSH–px活力和Ach含量，进而发挥神经保护作用[132]。谷氨酸与*N*–甲基–D–天冬氨酸受体（NMDAR）相互作用诱导兴奋性毒性，导致细胞内钙超负荷，进而诱导ROS产生[128]。因此，神经元细胞中出现的损伤可能是由于钙通过离子通道过量流入神经元，触发谷氨酸受体的过度刺激造成的[129]。核桃源活性肽GGW（Gly–Gly–Trp）、VYY（Val–Tyr–Tyr）和LLPF（Leu–Leu–Pro–Phe）被证明具有降低细胞内Ca^{2+}水平的活性，从而降低谷氨酸诱导PC12细胞中ROS生成，进而改善失眠造成的脑伤害[130]。

除了核桃源多肽，核桃还含有多种独特又强效的抗氧化剂活性物质。针对过氧化氢以及葡萄糖诱导的PC12细胞和HT22氧化应激，核桃提取物有显著的抑制作用[131]。鞣花单宁在人体内水解为鞣花酸或没食子酸，鞣花酸及其代谢产物可以显著改善线粒体能量代谢，并减弱Aβ诱导PC12细胞毒性，这种保护作用也同时加速神经元中神经轴突的生长[132]。核桃是多酚含量较高的坚果和油料，核桃仁多酚有显著改善记忆和认知作用，潜在的机制可能与抗氧化、促神经元生长、改善脑血流等作用有关[133]，从而能够抑制脑细胞中ROS和NO的产生，减缓纹状体多巴胺及其代谢产物的衰竭[134]。由于多种抗氧化物质的协同作用，在随机对照实验中，每日食用核桃（15g）与同步训练相结合，持续6周后，健康老年男性主观睡眠质量显著提升[135]。

2.2.2 调节褪黑素水平

人的睡眠觉醒节律与自然界相应，“昼精夜瞑”是正常的睡眠觉醒节律状态，即白天精力旺盛，夜晚沉睡安眠。由于各种原因引起的机体睡眠量不足，不但可能引起疲劳、情绪不稳、思维紊乱，甚至可能导致机体抵抗力低下、学习记忆能力受损。睡眠障碍不仅是阿尔茨海默病的临床表现，更是加速疾病进展和认知功能障碍的危险因素。

褪黑素（MT）是一种主要由松果体分泌的激素，已有大量文献证明，其是一种强自由基清除剂，能够降低Aβ的神经毒性，调节生物钟及神经免疫等。有学者证实，褪黑素的自由基清除能力是谷胱甘肽的4倍、甘露醇的14倍，一旦被氧化便不能被还原，副作用极小。同时，褪黑素具有高脂溶性和低血浆蛋白结合的优势，极其容易通过血脑屏障。因此，在临床上有广阔的应用前景[136]。

有研究报道，内源性褪黑素能促进短期记忆，可以调节海马内谷氨酸系统的合成方式，影响海马记忆的形成[137]。褪黑素在预防皮层功能紊乱，如运动、感觉、记忆和心理损伤方面作用显著[138]。研究结果显示，褪黑素对睡眠剥夺后大鼠水迷宫试验的反应时间明显缩短，显著提高SD大鼠的空间学习记忆能力，而且有量效关系[139]。另一方面，蛋白质受自由基攻击常形成羰基化合物，褪黑素与Aβ联合使羰基化合物对成神经瘤细胞的毒性作用减弱，脂质过氧化物形成减少；对于Aβ所致的人血小板膜的脂质过氧化，褪黑素也有抑制作用。阿尔茨海默病患者松果体内的褪黑素水平较正常人明显偏低。这些证据均提示褪黑素能延缓神经退行性变化，改善睡眠，有助于阿尔茨海默病、帕金森症等疾病的治疗。

核桃中褪黑素的含量一般为2.5～3.5ng/g，云南核桃中含量更高，达到10.48～15.09ng/g。研究显示，食用核桃的动物血液中褪黑素浓度提高，同时伴随着抗氧化能力和铁还原能力的增加[140]。褪黑素可能有助于触发海马神经元信号传导，以形成学习和记忆[141]。同样地，小鼠的睡眠改善与核桃的摄入量有关，每日摄入≥6.67g/kg BW去皮衣核桃仁能使小鼠血液中褪黑素含量显著升高，具有改善小鼠睡眠的作用[142]。

2.2.3 调节神经递质水平

现代分子生物学研究表明，失眠症与神经递质、细胞因子等密切相关。神经递质如5-HT、GABA、NE、DA、谷氨酸等成为当前镇静催眠类药物作用考察的常用指标。其中，γ-氨基丁酸是脑内重要的抑制性氨基酸递质，可通过突触后膜超极化、降低细胞代谢、减少离子内流等机制使突触后神经元处于保护性抑制状态[143]。研究发现，失眠患者脑中γ-氨基丁酸水平低。多巴胺神经元主要分布在中脑腹侧，其纤维可以投射到纹状体、大脑皮质、视前区、蓝斑等，多巴胺在觉醒状态中起着极其重要的作用，当脑内多巴胺浓度增高时，脑电出现低幅快波，神经元兴奋，觉醒增加，睡眠减少；脑内多巴胺浓度降低时，则觉醒减少，睡眠增加。甲基肾上腺素也被认为是与觉醒有关的中枢神经递质，蓝斑是脑内最重要的甲基肾上腺素能神经中枢，脑内甲基肾上腺素浓度增高时，神经元兴奋而导致失眠，进一步损害脑健康。

核桃肽富含谷氨酸和精氨酸，前者与信号转导相关的神经递质有关，后者是信使NO的前体物质，有助于缓解神经紧张和精神障碍，确保睡眠质量[148]。有学者通过戊巴比妥延长睡眠试验［小鼠口服γ-氨基丁酸、核桃肽或二者组合物，30min后，用戊巴比妥钠（50mg/kg）腹膜内注射，评估小鼠睡眠时间］、戊巴比妥阈值睡眠试验［小鼠口服γ-氨基丁酸、核桃肽或二者组合物，220min后，小鼠腹膜内注射低于阈值量的戊巴比妥钠25mg/kg，记录30min内睡眠的小鼠总数并计算比率］和巴比妥诱导睡眠试验［小鼠口服γ-氨基丁酸、核桃肽或二者组合物，30min后，小鼠腹膜内注射巴比妥钠（260mg/kg），测定从注射巴比妥钠到失去翻正反射（睡眠潜伏期）所花费的时间］，评估γ-氨基丁酸和核桃肽单独或联合应用对小鼠睡眠障碍的影响。结果显示，γ-氨基丁酸和核桃肽联合给药比单独给药能更有效地延长睡眠时间、提高睡眠发生率和缩短睡眠潜伏期，小鼠大脑中γ-氨基丁酸和Ach的浓度显著升高，5-HT浓度降低，其作用机制与γ-氨基丁酸和核桃肽联合调节脑组织中的神经递质有关。此外，核桃中发现的新物质3-羟基-4-亚氨基丁酸（HIBA）也具有睡眠促进作用，可以通过调节小鼠大脑和血清中的神经递质（γ-氨基丁酸、多巴胺等）延长睡眠时间。HIBA同时可以调节基底神经节（鞘脂、酰基肉毒碱等）的代谢，基于调节微生物群-肠-脑轴促进睡眠[144]。

随着近代药理学的发展，核桃分心木的镇静催眠活性也被逐渐挖掘。据报道，核桃分心木能缩短戊巴比妥钠诱导的小鼠入睡潜伏时间、延长睡眠持续时间、趋势性降低小鼠自主活动。分子水平研究显示，核桃分心木提取物是通过增加脑内GABA含量、降低NE、DA含量发挥作用，趋势与阳性对照地西泮一致[145]。另有研究发现，分心木醇提物和水提物的镇静催眠效果有差异，与水提物相比，醇提物更能显著缩短睡眠潜伏期，并与戊巴比妥钠协同作用从而提高睡眠发生率，大幅延长睡眠持续时间[146]。核桃分心木中分离的镇静催眠物质鉴定为1, 5-脱水-D-葡萄糖醇、3-羟基-4-亚氨基丁酸、（1′-甲基-2′-羟基）丙烷-*O*-*α*-D-吡喃葡萄糖苷、6-羟基萘基-1, 2-（2-*O*-*β*-D-吡喃葡萄糖苷）。镇静催眠作用机制可能为介导5-HT和γ-氨基丁酸进而影响机体睡眠-觉醒节律，并且可能还与肠道微生物及其代谢产物密切相关[147]。

2.3 调节精神及情绪

虽然人类已经进化出应对急性压力事件的机制，但现代生活的许多挑战可能导致慢性压力，一旦不太适应这种压力，就可能会诱发焦虑和抑郁等精神疾病。据世界卫生组织统计，全世界有超过3.5亿人受抑郁症困扰，抑郁症已成为世界第四大疾病，并且患病人数仍在快速增长中。《柳叶刀》发表的一项研究显示，2020年全球范围内重度抑郁症和焦虑症对比2019年分别增加了28%和26%，受新型冠状病毒肺炎（COVID–19）严重影响国家的人群患病率大幅上升，其中女性和年轻人受到的影响最大。与老年人群相比，年轻人更容易受到重度抑郁症和焦虑症的影响。至少75%的心理健康障碍发生在24岁之前，重度抑郁症和焦虑症在20～24岁的人群中达到顶峰[148]。

核桃是褪黑素、多酚、多肽、叶酸和维生素E等多种神经支持化合物的丰富来源[149]，对心理健康有积极影响，可以改善人类情绪，有助于保持记忆力和良好的认知[150]。

2.3.1 改善抑郁症

抑郁障碍（也称抑郁症）是一种常见的精神障碍，涉及长时间情绪低落，失去快乐或对活动的兴趣。抑郁症不同于正常的情绪变化和对日常生活的感觉。抑郁症与慢性应激关系密切，是应激反应系统即下丘脑–垂体–肾上腺（HPA）轴和交感神经–肾上腺髓质系统过度使用或失调所致。前者系统失调会导致皮质醇水平长期升高，皮质醇会损害海马、基底外侧杏仁核和内侧前额叶皮层等关键区域的学习和记忆；后者的过度激活会导致儿茶酚胺的分泌增加[151]。

美国健康和营养调查研究（NHANES）对食用核桃和抑郁症之间的关联进行分析，并得出结论：与不食用核桃的消费者相比，食用核桃的消费者患抑郁症的风险降低26%，食用其他坚果的消费者患抑郁症的风险降低8%。核桃消费者每天大约吃24g核桃，精力较为充沛，较少产生绝望情绪，注意力更加集中，积极乐观，这为将核桃纳入健康饮食计划提供了充分的理由[152]。此外，研究人员发现地中海饮食等营养干预措施可有效预防抑郁症等心理障碍[153]。地中海饮食富含30g/d混合坚果（15g核桃、7.5g榛子和7.5g杏仁），与对照低脂饮食的地中海饮食预防研究（PREDIMED）受试者的抑郁症数据相比，食用富含坚果的地中海饮食的受试者患抑郁症的风险降低了20%~30%[154]。在另一项报告中，坚果消费者，尤其是核桃消费者，其抑郁评分低于不食用坚果的受试者，这种有益影响在女性中更为明显[155]。在强迫游泳试验中，发现核桃水提物缩短了小鼠的不动时间，表明核桃具有抗抑郁活性。除此之外，核桃可以减少由学业压力引起的抑郁负面情绪状态，这表明核桃可能对青年人的压力、焦虑和抑郁产生积极影响，而这些影响可能是由于核桃中富含ω–3脂肪酸。有证据表明补充ω–3脂肪酸可以缓解焦虑和抑郁[156，157]。同时，核桃寡肽能够改善青少年和老年人的记忆力、认知和睡眠质量，这可能是由于核桃寡肽调节了褪黑素水平，改善抑郁症进而促进了脑健康[158，159]。

2.3.2 改善自闭症

自闭谱系障碍（ASD）简称自闭症，是一系列神经发育障碍，体现在以下两方面：①社交互动和沟通困难；②兴趣受限以及重复刻板行为[160]。癫痫发作、注意力缺陷/多动障碍（ADHD）和其他认知缺陷也可能与ASD合并[161]。ASD影响约1%的人口，男性的发病率是女性的4倍[162]。均衡的饮食对自闭症患者来说可能很困难，因为许多患者都有消化和饮食方面的问题，因此自闭症儿童通常营养不良，钙和蛋白质摄入较低，会损害大脑发育，影响骨骼生长和肌肉力量。这些损伤可能与认知、平衡、体力和其他身体发育领域的问题有关。维生素B_6、维生素B_9和维生素B_{12}浓度较低可能导致自闭症儿童甲基化缺乏[163]。此外，自闭症患者经常表现出氨基酸数量异常，可能缺乏色氨酸，以及出现5-羟色胺、谷氨酸、γ-氨基丁酸和同型半胱氨酸的水平和表达异常[164，165]。这表明氨基酸依赖性活动被破坏。

自闭症的发病机制复杂，但神经递质功能障碍、氧化应激紊乱、脂质过氧化增加、细胞凋亡异常、神经炎症、线粒体功能障碍均被认为会加重自闭程度，例如在多种自闭症啮齿动物模型中，强有力的证据表明，阻断谷氨酸受体mGluR可以逆转自闭症特征；既往研究发现，自闭症患者外周血清和血浆中的IL-1、IL-4、IL-6、IL-8和IL-13水平更高[166]。自闭症患者大脑显示线粒体膜的细胞凋亡相关蛋白质的表达异常，脑细胞在整个发育过程中凋亡增加。

长期膳食补充核桃进行早期和持续的营养干预对改善自闭症，促进脑健康有潜在益处。大量证据表明，由于核桃含有的抗氧化和抗炎成分，包括核桃多肽、ω-3脂肪酸和α-亚麻酸（ALA）、类黄酮、酚酸、褪黑素、叶酸、维生素E、硒、原花青素等，活性物质的累加或协同作用对预防自闭症具有很好的作用[167]。短期食用核桃已被证明可以提高外周EPA水平[168]。α-亚麻酸通过下调iNOS减少炎症，从而阻止NO、COX-2和促炎细胞因子（IL-1、IL-6和TNF-α）的产生[169]。在LPS诱导的RAW264.7细胞中，核桃中的表儿茶素（EC）下调促炎细胞因子IL-1、IL-6和TNF-α水平[170]。核桃肽可抑制炎症途径NF-κB/p38MAPK并激活Nrf2/HO-1，从而导致神经元和小胶质细胞中细胞因子TNF-α、IL-1β 和IL-6水平下调[171]。此外，核桃是日常膳食中最重要的多酚来源之一，含有鞣花单宁。鞣花单宁在摄入后被水解为鞣花酸，然后肠道微生物群将其转化为尿石素A和其他衍生物，尿石素A激活Nrf2，这有助于调节线粒体自噬[172]。

食用核桃可增加益生菌型细菌，如乳杆菌属（*Lactobacillus*）、瘤胃球菌属（*Ruminococcus*）和玫瑰色菌属（*Roseibium*），同时减少与神经炎症相关的细菌，如梭状芽孢杆菌属（*Clostridium*）[173]。研究表明，核桃油通过降低小鼠十二指肠黏膜中TNF-α的表达而发挥抗炎作用，肠道菌群的相对丰度从致病性更强的细菌［如幽门螺杆菌（*Helicobacter pylori*）和梭状芽孢杆菌］转向益生菌乳酸菌[174]。此外，还发现核桃粕中的多酚提取物可显著降低血清LPS、TNF-α和IL-6水平，并防止肠道菌群（主要是厚壁菌门、拟杆菌门和变形菌门）的改变[175，176]。核桃膳食纤维显著减少了高果糖饮食引起的肠道微生物群的生态失调。这导致厚壁菌门、放线菌门、变形菌门、铁杆菌门的相对丰度上升，拟杆菌门的相对丰度急剧下降。膳食补充核桃可以通过重塑异常的肠道微生物群来减少外周炎症，这可能有助于通过维持健康的肠脑轴来预防CNS炎症[177]。

2.3.3 改善焦虑症

焦虑症是最常见的精神障碍，通常在成年早期开始。焦虑症的主要特征包括对特定的情况（恐惧发作或社交场合）感到过度恐惧或担忧，或者对广泛的日常情况感到过度恐惧或担忧。在这种情况下，对危险做出反应的大脑回路功能失调，其特征是不安、担忧、恐惧、紧张和忧虑感[178]。焦虑症有多种类型，其中，特异性（孤立性）恐惧症是最常见的，患病率为10.3%，其次是社交焦虑症（也称为社交恐惧症，患病率为2.7%）和一般焦虑症（患病率为2.2%）。除了情绪症状外，焦虑症还会导致大脑功能障碍[179]。研究发现，慢性压力会导致神经内分泌和神经递质系统的改变，进而影响记忆的创建和管理[180]。有学者探索了大脑中焦虑和认知功能之间的多种相互作用，负面情绪已被证明会影响与记忆相关的过程[181]。此外，焦虑症与脑损伤有关。因此，在疾病进展期间需要有效的脑保护策略。

核桃肽可提高模型小鼠和人群的睡眠质量、记忆力和认知能力，具有减少焦虑的特性[101]，通过对神经递质（如DA、GABA、ACh等）的调节，进而调节情绪和认知功能[182]。核桃肽和酪蛋白肽营养组合［（56.7+100）μg/mL］在斑马鱼中显示出抗焦虑、抗氧化、神经保护和记忆改善的作用[183]。在慢性应激啮齿动物中，核桃肽可使5-HT、GABA和 DA水平降低。用核桃肽组合灌胃焦虑症模型小鼠，可以增加Ach水平[184]。此外，BDNF通过促进神经元生长、分化和存活，在神经系统中发挥关键作用，研究发现核桃肽通过调节神经递质或BDNF途径缓解焦虑症，促进脑健康。

3

核桃改善心血管疾病

轻度认知障碍（Mild cognitive impairment，MCI）和痴呆症等脑部疾病是当今世界公共卫生和社会保健面临的最大挑战之一。以痴呆症为例，2019年，全球约有5520万人患有痴呆症，预计到2030年将增加到7800万人，到2050年将增加到1.39亿人。这些影响脑健康的疾病主要发生在老年人群当中，人口老龄化的加剧给社会和家庭带来了越来越多的疾病和经济负担[185]。以当前数据估计，33%的老年人死亡可归因于痴呆症，全球每年治疗痴呆症的费用约为8180亿美元。

研究显示，约35%的认知障碍及痴呆症的病因来自可控的危险因素，包括血管疾病（心血管疾病、高血压、脑卒中）、代谢疾病（糖尿病、肥胖）和生活方式因素（饮食质量、酗酒、睡眠障碍）[186]。据估计，33%的痴呆病例可以通过更好地管理和有针对性地干预这些危险因素，特别是高血脂、高血压、动脉粥样硬化、糖尿病和肥胖，来延缓或预防认知障碍甚至痴呆的发生[187]。

根据世界卫生组织报道，心血管疾病（Cerebral vascular disease，CVD）已被确定为世界范围内死亡的主要原因[188]。心血管疾病的心脏代谢危险因素包括代谢综合征、血压升高、肥胖、糖尿病和血脂异常[189]。

饮食是影响心血管疾病发生的重要因素之一。许多国家的膳食指南建议采用低脂饮食（脂肪供能<30%总能量）和不饱和脂肪酸饮食，认为其可以改善低密度脂蛋白胆固醇和高密度脂蛋白胆固醇水平，降低心血管疾病风险[190，191]。

坚果是脂肪酸（主要是不饱和脂肪酸）、膳食纤维、植物蛋白质和矿物质（特别是镁和钾）的良好来源，并含有丰富的生物活性物质，如多酚、生育酚、植物甾醇和酚类物质，较高的坚果摄入量与较低的心血管导致的死亡风险相关[192]。在前瞻性人群队列研究中，坚果的高摄入量与几种心血管疾病的风险降低有关，发病率和死亡率分别降低19%和25%，冠心病发病率和死亡率分别降低24%和27%，脑卒中死亡率降低18%，房颤风险降低15%，总死亡率降低19%，大量的证据支持食用坚果对心血管疾病的一级和二级预防有积极的影响[193]。

核桃在我们的饮食中很常见，因与其他树坚果脂肪酸组成的差异，而成为改善心脑血管健康、降低血脂的有效食物来源[194]。根据美国农业部发布的食品成分数据库显示[195]，100g核桃含有15.2g蛋白质、65.2g脂肪和6.7g膳食纤维。大多数坚果富含单不饱和脂肪酸，核桃油脂主要由多不饱和脂肪酸（47.2g）组成，特别是α–亚麻酸（9.1g）和亚油酸（38.1g）。核桃中的多不饱和脂肪酸等营养成分主要通过抗炎、抗氧化、改善肠道菌群以及神经递质保护作用来改善健康[196]。一些研究也证实了核桃中这种独特的脂肪酸组成对心血管疾病风险降低的有益作用[197，198]。除了必需脂肪酸，核桃还含有多种其他生物活性化合物，如维生素E和多酚，具有抗氧化和抗炎生物活性作用，一些研究已经评估了这些生物活性物质对部分疾病的发生和发展的潜在积极干预作用，包括心血管疾病、癌症和神经退行性疾病[199]。核桃及其主要成分对人体健康的作用机制如图6所示。

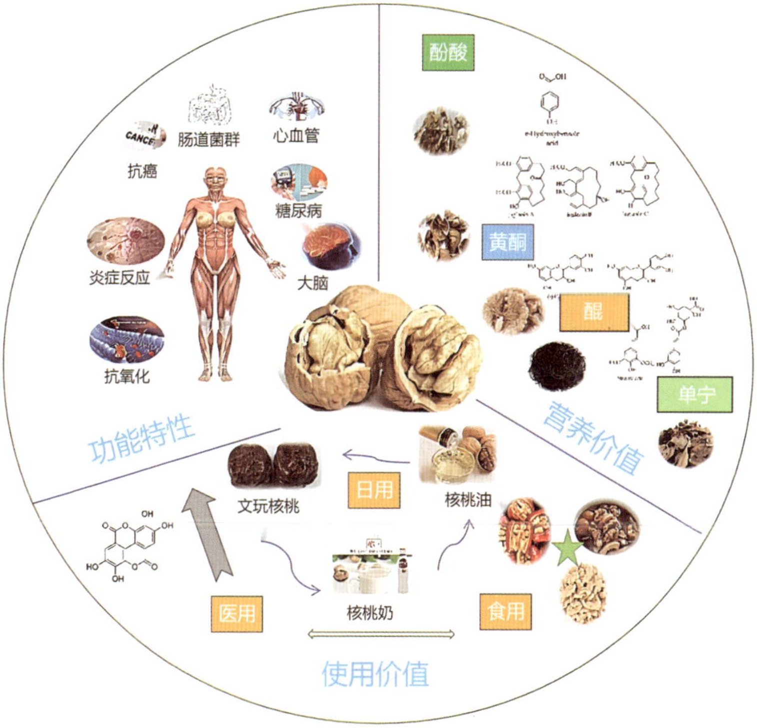

图6 核桃及其主要成分对人体健康的作用机制[200]

3.1 改善冠心病

冠状动脉粥样硬化性心脏病（又称冠心病）是冠状动脉血管发生动脉粥样硬化病变而引起血管腔狭窄或阻塞，造成心肌缺血、缺氧或坏死而导致的心脏病，是心血管疾病的一种。由于中国人口基数庞大，冠心病的患病人数也相对较多。根据《中国卫生健康统计年鉴（2022）》，2021年我国缺血性心脏病出院人数为4254063，病死率为0.86%，人均医药费用为14591.15元；我国城市居民冠心病死亡率为135.08/10万，农村居民冠心病死亡率为148.19/10万。冠心病已经成为一个重要的公共卫生问题。

核桃含有大量不饱和脂肪酸、蛋白质、纤维素、维生素E以及多种微量元素等成分，对降血脂、预防心血管疾病等具有积极的作用。人群随机对照试验证明，长期服用核桃油，会显著降低总胆固醇、低密度脂蛋白、甘油三酯和总胆固醇与高密度脂蛋白水平，可能与冠状动脉疾病风险因素调节有关[201]。前瞻性队列研究显示，血液中α-亚麻酸水平与冠心病和心血管疾病死亡风险之间存在显著的负相关，与较低的α-亚麻酸摄入量相比，较高的α-亚麻酸摄入量与冠心病导致的死亡风险降低11%（相对危险度0.89，95%置信区间0.81～0.97）显著相关[202]。核桃对冠心病的预防可能与降低非高密度脂蛋白和载脂蛋白B的浓度、改变血浆脂质分布有关[203]。因此，对于冠心病患者而言，血脂水平的调节尤为重要，核桃的血脂调节能力对冠心病的治疗和预防具有积极作用。

3项大型前瞻性队列研究中，总体和特定类型坚果（花生、核桃等）的较高摄入量与总体心血管疾病和冠心病风险呈负相关，总体心血管疾病风险降低13%～19%，冠心病风险降低15%～23%[204]。与4年不消费坚果的人相比，

4年内保持高坚果消费的人患心血管疾病和冠心病的风险分别降低25%（相对危险度0.75，95%置信区间0.67～0.84）和20%（相对危险度0.80，95%置信区间0.69～0.93）[205]。

目前大多数临床试验研究均表明，每天食用少量核桃对冠心病具有改善作用，但仍需进一步研究以明确其具体效果、适用人群以及核桃对冠心病改善的剂量效应关系[196]。

3.2 改善高脂血症

心血管疾病一个重要的可改变的危险因素是血脂异常。血脂异常的定义是个体血浆中总胆固醇（Total cholesterol，TC）、低密度脂蛋白胆固醇（Low density lipoprotein–Cholesterol，LDL–C）或甘油三酯（Triglyceride，TG）水平升高，或血浆中高密度脂蛋白胆固醇（How density lipoprotein–Cholesterol，HDL–C）水平降低[206]。核桃不仅富含多不饱和脂肪酸，而且在所有类型的坚果中有最高的ω–3脂肪酸和ω–6脂肪酸比例，是降低心血管疾病风险最理想的比例[64，207]。尽管核桃的形式和品种各不相同，但它们都显示出不同的抗氧化特性[46]。核桃富含的α–亚麻酸还具有抗炎症的特性[208]。

自1993年起就有研究对核桃降血脂效果进行探讨，并发现在推荐的降胆固醇饮食中加入适量的核桃，同时保持总膳食脂肪和热量的摄入，可以降低血清总胆固醇水平，并有利于改变正常男性的脂蛋白谱[209]。尽管在过去的几十年里，无论在临床试验方法，还是在干预技术上都已经有了显著的更新，但大部分临床试验评估富含核桃饮食对改善高脂血症功效的研究结果较为一致。核桃对血脂水平的改善效果主要集中在总胆固醇、低密度脂蛋白胆固醇和甘油三酯上。

2015年，一项对61项食用坚果改善血脂健康的临床试验荟萃分析发表，其中21项涉及核桃的干预研究，发现核桃的摄入水平与一些血脂参数的降低显著相关，包括总胆固醇、低密度脂蛋白胆固醇以及载脂蛋白（Apo）A和载脂蛋白B[210]。2018年的一项荟萃分析新增了多项样本量更大、随访时间更长的临床试验，进一步验证了上述研究结果。该荟萃分析包含26项临床试验，共计1059名参与者，发现与对照组相比，富含核桃的饮食可显著降低血液的总胆固醇（降低6.99mg/dL，3.25%）、低密度脂蛋白胆固醇（降低5.51mg/dL，3.73%）、甘油三酯（降低4.69mg/dL，5.52%）和载脂蛋白B（降低3.74mg/dL）水平[211]。有消费者担心在膳食中增加核桃的摄入会对受试者的脂肪摄入以及体重产生影响，但该研究的亚组分析显示，将核桃纳入饮食可以改善血脂水平，而不会对体重或血压产生任何不利影响。

在2022年最新发表的一项核桃摄入与血脂健康关系的荟萃分析中同样验证了核桃对脂代谢的调节作用[211]。通过对来自美国以及欧洲和亚洲等国的13项试验进行分析发现，核桃摄入与总胆固醇、低密度脂蛋白胆固醇和甘油三酯的显著降低有关，但与高密度脂蛋白胆固醇的改善效果无关。亚组分析显示，核桃对于超重、肥胖的人的血脂改善效果更好。无论是短期补充还是长期食用，均观察到核桃对于高脂血症的改善效果。研究表示核桃可能通过改善高脂血症来降低患心血管疾病的风险，如果参考地中海膳食模式，将核桃补充至常规饮食模式中，将会产生较大的健康益处。

临床试验证据表明，核桃与降低血液中的胆固醇水平间存在剂量效应关系。在一项对超重肥胖人群进行富含核桃饮食干预6个月的研究中发现，富含核桃饮食组在6个月时，受试者总胆固醇和低密度脂蛋白胆固醇水平分别从203mg/dL降低至194mg/dL和从121mg/dL降低至112mg/dL[212]。综合其他研究结果，富含核桃膳食可使总胆固醇和低密度脂蛋白胆固醇水平分别降低约10mg/dL和9mg/dL[197]。

目前基于随机对照试验的荟萃分析为核桃摄入对血脂水平的健康影响提供了确凿的证据支持。尽管核桃是一种高能量的食物，但核桃的摄入会降低高血脂所导致的心血管疾病的风险。因此，核桃可以作为一种促进健康的食物添加到日常饮食模式中。

3.3 改善高血压

高血压是导致心血管疾病发病和死亡增加的首要且可改变的危险因素[213]，到2025年，全球高血压患病人数估计将超过16亿人，而由高血压导致的失能调整生命年①和死亡人数也将随之增加[214]。

核桃除了富含抗氧化剂、植物甾醇、膳食纤维、蛋白质和脂肪（尤其是多不饱和脂肪酸）外，还富含多酚类化合物[46]。有研究显示多酚类化合物可以调节内皮细胞功能，与降低高血压患病风险有关[215]。

尽管许多研究表明，坚果的摄入（包括核桃）可以降低高血压风险[191，214]，但目前已有的临床试验研究对富含核桃饮食调节血压效果的结论并不一致。近期多项大型荟萃分析研究均未发现增加核桃的摄入对舒张压和收缩压的改善作用[194，198]。有研究对每日核桃摄入量在6~108g，干预持续在4周~2年时间不等的研究进行了整理，在亚组分析中发现，核桃摄入量≤40g/d与收缩压和舒张压降低有统计学相关性，核桃摄入量>40g/d则仅与收缩压降低有统计学相关性。关于食用时间的差异，食用核桃持续时间小于8周与收缩压升高有统计学相关性，与舒张压无统计学相关性，而当食用核桃持续时间大于8周时，食用者的收缩压降低，舒张压升高[216]。研究认为正是这种摄入剂量和时间的差异导致不同研究之间的异质过大，从而未观察到核桃的摄入对改善高血压的有益影响。

另一种观点认为，大多数坚果可以作为盐渍品种食用，钠摄入量增加与血压升高有关[217]。然而，少数研究比较了不同形式的坚果对健康结果的影

① 失能调整生命年：从发病到死亡所损失的全部健康年。

响，发现食用含盐和无盐坚果品种后收缩压和舒张压没有显著差异[218–220]。基于这些发现，研究人员认为从坚果中摄入≤285mg/d的钠对血压没有不利影响。

但也有研究支持富含核桃膳食对血压的改善作用，尤其是对舒张压的改善效果更为明显，并建议将核桃作为饱和脂肪酸的全食物替代品[221]。

虽然目前临床试验对于核桃改善高血压的效果结论不一致，但可以证实的是，富含核桃饮食并不会增加患高血压的风险，因此仍推荐富含核桃的饮食用于改善心血管疾病的其他风险因素。

3.4 改善动脉粥样硬化

动脉粥样硬化是一种常见的慢性血管疾病，主要累及冠状动脉、脑动脉、肾动脉等重要血管。其特征是动脉内膜出现脂质沉积，随着时间的推移，脂质斑块逐渐增大，导致血管狭窄或阻塞。动脉粥样硬化会导致心脑血管事件的发生，如心肌梗死、脑卒中等，这些事件不仅危害患者的健康，也会给家庭和社会带来巨大的经济负担。在中国，随着经济的发展和人口老龄化的加剧，动脉粥样硬化的发病率也呈上升趋势。

有学者指出，内皮功能障碍是动脉粥样硬化的危险因素和先决条件[222]。心血管疾病的危险因素会对内皮功能产生不利影响，包括低密度脂蛋白胆固醇水平和血压升高、肥胖、糖尿病和衰老。降低可改变的心血管疾病危险因素可以改善内皮功能，从而降低患动脉粥样硬化的风险[223]。一些研究表明，食用核桃和核桃油对内皮功能有改善效果[224]。一项包含10项研究的荟萃分析显示，核桃的摄入显著改善了血管内皮功能[225]，血管内皮功能障碍与动脉粥样硬化密切相关。临床研究显示，膳食模式（地中海饮食，每天摄入30g混合坚果，含15g核桃）与斑块的延迟进展有关[233]。一项中国的队列研究发现，颈动脉内膜中层厚度的增厚较少和颈动脉斑块的低流行率与红细胞膜中的α-亚麻酸和二十二碳六烯酸有关[227]。这些研究表明，核桃可以改善血管内皮状况，减缓斑块进程。

核桃还可以调节脂联素水平[228, 229]，改善代谢综合征状态，对防治动脉粥样硬化和炎症有积极的作用，可降低患心脑血管疾病的风险。一项针对年轻人冠状动脉风险发展的研究显示，与其他坚果相比，核桃在心血管疾病风险防范方面展现出一定的优势[230]。

动物试验也发现，核桃的加入部分逆转了不健康饮食诱发的不稳定斑块的表型，提示对预防动脉粥样硬化性心血管疾病有积极意义[231]。核桃种皮提取物可以调节大鼠高脂血症中的一些代谢酶活性，对于治疗高脂血症和阻止动脉粥样硬化有着重要作用[232]。

目前大量研究表明核桃营养组分具有改善动脉粥样硬化的作用。研究提示，可以通过增加核桃及核桃油的食用量改善动脉粥样硬化，从而预防心脑血管疾病的发生。

3.5 改善肥胖

自1980年以来，肥胖的流行率在70多个国家翻了一番，并在全球大多数地区持续增加。对全球肥胖流行率的年龄标准化估计报告显示，在世界上许多国家和地区，包括北美、中东、亚洲和澳大利亚，至少有30%的男性和35%的女性被确诊为肥胖[233]。膳食中增加核桃摄入被认为是一种健康的饮食方式，特别是作为治疗肥胖和心脏代谢紊乱的营养工具[234]。这可能与核桃中富含γ-生育酚有关，研究人员在每天服用核桃的消费者血液中观察到γ-生育酚浓度的增加，并且这些消费者能量摄入和体重降低[233，235]。动物试验的结果也表明，核桃的主要营养成分——核桃肽通过修复肠道微环境、调节菌群代谢和抗炎症来干预高脂饮食引起的肥胖和血脂异常[236]。

在几个大型队列和一些临床试验中，包括经常食用坚果在内的饮食模式与成年后体重增加较少和肥胖程度较低有关。而其中对于不同坚果类型（核桃、开心果）与超重、肥胖的关系，则结果各异[237-239]。

许多大型荟萃分析发现，在进行富含核桃的饮食干预后，试验组并没有显示出对超重、肥胖人群的人体测量指标（体重、体重指数、腰围和脂肪量）的明显影响，与对照组饮食相比也没有显著差异[240-242]。但也有研究观察到富含核桃饮食对改善肥胖的有益结果。在一项评估长期食用核桃对老年人体重和肥胖的影响的研究中发现，对健康老年人进行为期2年的富含核桃饮食干预，可以很好地降低其体重，且不会对其他身体指标产生不利影响[243]。在另一项对超重肥胖人群进行富含核桃饮食干预6个月的研究中发现，富含核桃的低能量饮食可以降低体重，且成效与标准低能量密度饮食的干预效果相当。尽管两种饮食策略的减肥与心血管疾病风险因素的改善有关，但富含核桃的饮食对低密度脂蛋白胆固醇和收缩压有更有利的影响。

目前对于富含核桃饮食对肥胖改善效果的研究结论并不一致。有学者认为这可能受到基线低密度脂蛋白胆固醇、身体质量指数（BMI）和饮食类型的显著影响，即在高基线低密度脂蛋白胆固醇、相对低的BMI和西方膳食模式的受试者中，改善效果最为明显。

临床试验和流行病学研究分析结果表明，虽然目前富含核桃饮食对肥胖改善效果并不明确，但在膳食中增加核桃的量并不会导致体重的增加[198，244，245]。

由于核桃中富含不饱和脂肪酸、维生素、矿物质以及植物化合物等营养成分，其不仅可以改善高脂血、高血压、肥胖，还可以积极影响其他心血管疾病相关的代谢风险因素，如代谢综合征、2型糖尿病[246，247]。此外，核桃摄入与改善认知功能和延长寿命成正相关[248，249]。

综合上述研究结果，富含核桃饮食可以改善心血管疾病的风险因素，如高脂血症、冠心病、肥胖及高血压等。因此，建议在膳食中合理增加核桃及其制品的摄入量。

4

核桃脑健康产品的开发与应用

4.1 核桃生物制造关键技术

4.1.1 功能因子高效提取制备关键技术

核桃及核桃副产物功能因子开发利用是实现高值化利用的重要途径。核桃功能因子提取率较低，分离纯化工艺烦琐、废酸废碱处理污染重、功能因子生物利用度低等问题制约了其开发利用。因此，对核桃功能因子高效分离制备、活性评价及产业化应用等关键技术进行创新设计与研究，可为我国核桃产业高效增值利用提供技术支撑和示范。

目前核桃功能因子高效提取制备关键技术主要有溶剂提取法、生物酶解法、物理辅助提取法（超声波、微波）等。

4.1.1.1 溶剂提取法

溶剂提取法是利用溶质与溶剂之间的亲和性，直接借助溶剂萃取技术，从物质原料中分离出活性成分。适当的溶剂可以减少杂质的溶出，减少误差，能更好地溶解植物中的活性成分。该方法简单易操作，回收率高，适用于量比较大的原料提取。常用的核桃功能因子提取有机溶剂为乙醇、甲醇、正乙烷、氯仿等[250]。溶剂提取法主要用于浸提核桃分心木、青皮等部位的酚类物质。研究显示，用浓度为40%～60%（体积分数）的乙醇可获得核桃分心木中的黄酮类物质[251–253]。除核桃分心木外，核桃青皮也含有较高含量的多酚，核桃青皮乙醇提取物中总酚含量为（21.71 ± 0.98）mg/g，总黄酮含量为（22.16 ± 0.45）mg/g，共鉴定出9种主要化合物，即槲皮苷、扁蓄苷、紫云英苷、金丝桃苷、异槲皮素、槲皮素、咖啡酸、阿魏酸和胡桃醌[254]。研究人员采用不同的溶剂（丙酮、甲醇和水）获得核桃提取物，发现与水核桃提取物相比，甲醇、丙酮核桃提取物具有较高的抗氧化活性[255]。因此，一些研究者认为有机溶剂浸泡核桃可提高核桃生物活性物质提取率及其活性。

4.1.1.2 生物酶解法

生物酶解法可用于核桃多肽的制备。生物酶解技术是基于酶可切割蛋白质结合位点，具有成分浸出率高、减少热敏性成分降解、提高成分纯度、降低环境污染的优势[256，257]。生物酶解法常用的酶主要有中性蛋白酶、碱性蛋白酶、纤维素酶、木瓜蛋白酶，根据切割位点的不同，加入不同的酶后核桃多肽的得率也不一致。为提高核桃多肽的得率，可将两种及两种以上的酶复配对核桃蛋白进行水解[258，259]。

4.1.1.3 物理辅助提取法

近年来，除了传统的溶剂提取方法，还出现了物理辅助提取技术，如超声波提取法、微波提取法等。

超声波提取法主要利用超声波来加速对细胞壁或细胞膜的破坏，使溶剂能渗透到组织细胞中，细胞内物质能够更快地释放溶解在溶剂中，从而达到将有效成分更快浸出、提高有效成分提取率的目的。使用超声波提取法可以有效缩短提取时间，简化流程，经济实用，提高产率[260]。采用超声波辅助乙醇可更多地浸提出酚类物质[255]。此外，超声辅助还可用于提取核桃蛋白。Lv等研究结果显示，超声辅助提取后，核桃球蛋白的表面疏水性和荧光强度降低，粒径和微观尺寸变大，表明出现了蛋白质聚集体[261]。有趣的是，超声波引起的空化和剪切力打断了核桃清蛋白的分子结构，总游离巯基和表面游离巯基含量明显降低，说明形成了二硫键。此外，超声辅助提取显著改善了核桃谷蛋白的功能特性。超声波作为一种绿色节能、安全和高效的物理手段，其高传质和热效应在合适的条件下可促进酶促反应和产物的转化率。酶法水解蛋白质具有温和、水解进程易于控制、高度专一等优点。范路好采用超声辅助法结合酶解法处理核桃蛋白，结果表明该方法可以从核桃中获得抗氧化性较好的多肽[262]。

微波提取法的原理是利用高频率的电磁波和微波的热特性，使分子间相互碰撞、挤压、高速运动，有利于细胞内有效成分的浸出，进入提取溶剂，从而进一步分离得到。汤慧民等采用微波辅助提取核桃壳多糖，结果显示核桃壳多糖提取率为2.24%，提取物对羟自由基和超氧自由基均表现出较好的清除能力[263]。此种方法也被用于核桃青皮中多糖的提取，多糖得率可达10.17%[264]。微波提取法对核桃青皮多酚的提取量可达6.318mg/g[265]。除多糖多酚的提取外，微波提取法还可从核桃粕中提取蛋白质，得率为30.84%[266]。

4.1.2 生物发酵关键技术

固态发酵（Solid-state fermentation，SSF）是指在固态基质原料上进行的微生物发酵过程，培养基底物以固态形式存在，不溶于水，为微生物提供了生长环境和所需的营养物质[274]。固态发酵技术在我国有着非常悠久的历史，如酱油、食用醋、白酒等。液态发酵作为传统的发酵方式，具有发酵周期短、占地面积小等优点，但同时存在易污染、提取活性物质成本高以及废水处理等问题[268]。相比而言，固态发酵技术生产成本低，经济效益高，此外，固态发酵可提供类似自然界发生微生物反应的环境，利于发酵物进行生物转化，产生丰富的生物活性物质[269，270]。

目前核桃生物发酵的原料主要为核桃粕。核桃粕作为榨油副产物常被用作饲料或丢弃，造成大量优质蛋白质资源的浪费。对核桃粕进行发酵可降低核桃蛋白质资源浪费，提高其应用价值。

发酵技术可提高核桃功能因子含量。陈丽君等采用枯草芽孢杆菌、地衣芽孢杆菌（*Bacillus licheniformis*）等益生菌发酵核桃粕。相较于未发酵样品，枯草芽孢杆菌、地衣芽孢杆菌发酵的核桃粕制品中总糖、还原糖、总酸度、蛋白质及总多酚显著提高[271]。

此外，核桃粕发酵可用于制备生物活性肽。为实现核桃粕资源的高值化利用，研究发现枯草芽孢杆菌和碱性蛋白酶协同固态发酵法制备核桃谷蛋白抑菌肽对金黄色葡萄球菌抑菌圈直径为（15.50 ± 1.53）mm，表明通过菌酶协同固态发酵核桃谷蛋白制备的抑菌肽具有良好的抑菌效果[278]。

在产品方面，以核桃粕和米曲霉（*Aspergillus oryzae*）为原料发酵制备核桃粕酱油，经测定，核桃粕酱油中16种氨基酸总含量为48.6g/kg，不饱和脂肪酸占脂肪酸总量的82.84%，且核桃酱油具有较好的ABTS、DPPH自由基清除能力，说明产品具有较高的抗氧化性[273]。

4.1.3 功能因子稳态化保持及靶向递送技术

食品中的功能因子可有效调节人体机能，对维持人体健康、预防和控制疾病具有重要作用。然而，大部分食品功能因子存在溶解性低、稳定性差和生物利用度低等问题，使得仅有极少部分功能因子能被人体吸收[274, 275]。研究食品功能因子的稳态化递送是寻找提高功能因子溶解性、稳定性及生物利用度的有效手段，有利于更好地利用食品中天然组分的生理活性，从而实现精准营养。

如图7所示，食品经口腔摄入后，在消化液的作用下，其中所含的功能因子释放并溶解在消化液中。溶解在消化液中的功能因子可被消化道上皮细胞吸

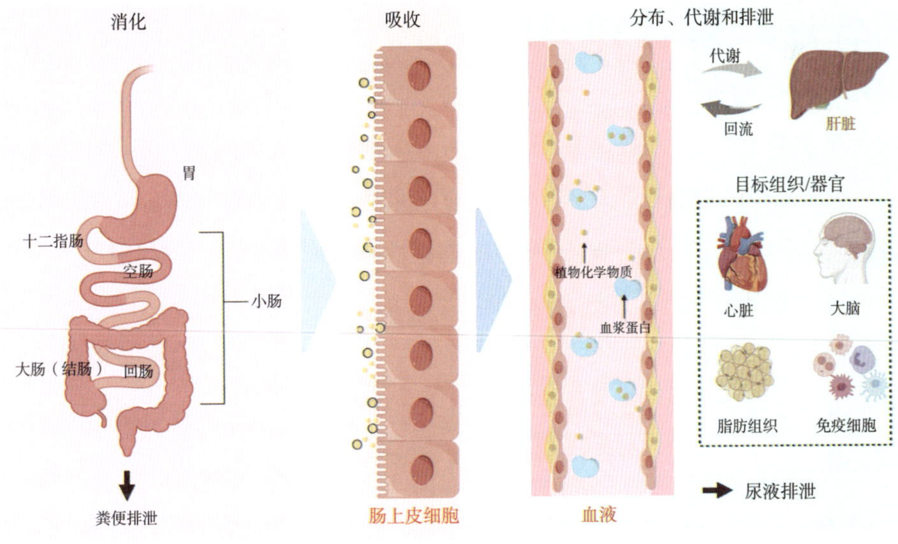

图7 食品功能因子被摄入后的生物历程[286]

收进入体液循环，随后在体内经历分配、代谢和排泄过程。稳态化递送技术的研究关键之一在于实现功能因子在消化道特定部位的释放和溶解，即提高功能因子的生物利用度。此外，由于消化道不同部位的消化液组分差异较大，食品中的功能因子容易在消化液作用下发生化学结构的改变，从而失去其生理活性。因此，稳态化递送技术还需满足对功能因子生理活性的保护作用。

目前功能因子递送载体主要采用食品级天然大分子制备。通过采用一种或多种食品级基质构建递送网络，调节载体的消化部位和消化程度，实现其中所装载的食品功能因子在肠道特定部位的靶向递送。食品功能因子的递送载体可分为颗粒型、乳液型及脂基型。

颗粒型递送载体主要由天然生物大分子聚合物构成，分散的分子排列可以有效地保护功能因子的稳定性，同时还能显著提高其经胃肠道消化后的生物利用度[276]。但高强度的封装使功能因子释放难度增大，反而会降低功能因子的生物利用度[277]。乳液型由互不相溶的水相和油相组成，当乳液用作递送体系时，功能因子往往包含在分散相中。因此，可根据功能因子极性的不同，设计构建相应的乳液体系[278]。由脂质直接构建形成的载体可用于不同极性食品功能因子的装载。目前常见的脂质型递送载体可分为脂质体、固体脂质纳米载体（SLNs）和纳米结构脂质载体（NLCs）。脂质体通常是由一个或多个同心磷脂双层壳组装而成的球形颗粒，可将亲水性功能因子封装在由磷脂双分子层形成的内部亲水空腔中，将疏水的功能因子封装在两层磷脂分子层之间的非极性区域[279]。脂质体的双分子层结构与细胞膜中的双分子层结构相似，这有助于改善装载功能因子的脂质体通过肠细胞的通透性，从而提高其生物利用度[280]。综上所述，食品功能因子递送载体的构建方法虽然不同，但其构建目的都是基于功能因子生物利用度的提高。根据功能因子的目标释放部位及吸收机制，设计相应的递送体系，使其经过胃肠道消化后能在目标位置集中释放功能因子，被消化道上皮细胞充分吸收进入人体体液循环，从而在机体组织和器官发挥其生理活性。

由于核桃油具有富含亚油酸、油酸和亚麻酸等不饱和脂肪酸，易氧化，不耐存等特性，颗粒型递送载体在核桃油包埋运载体系中的研究较多。戚登斐等以大豆分离蛋白、麦芽糊精、阿拉伯胶为壁材，利用喷雾干燥法和冷冻干燥法制备核桃油微胶囊。喷雾干燥制备的微胶囊经模拟胃液及肠液消化，油脂释放率高达91.13%，高于冷冻干燥，游离脂肪酸释放量也更高[281]。喷雾干燥核桃油微胶囊能有效缓解高脂模型小鼠体重及肝脏指数升高，降低血清总胆固醇、甘油三酯含量，降低低密度脂蛋白胆固醇水平、提高高密度脂蛋白胆固醇水平，提高小鼠肝脏谷胱甘肽过氧化物酶水平、总超氧化物歧化酶（T-SOD）水平，降低肝脏丙二醛水平，从而有效抑制高脂模型小鼠肝脏脂肪变性和氧化损伤，说明利用微胶囊技术包埋核桃油制备成核桃油粉末油脂，可以延缓油脂的氧化，改善油脂的功能性质，拓宽油脂的应用范围。冯艳霞从核桃粕中酶解制备了抗炎多肽，采用复合包埋技术同时包埋具有协同抗炎活性的多肽和鞣花酸，并探究复合纳米颗粒的抗炎机制，提高了抗炎多肽和鞣花酸的生物利用度及稳定性，为同时包埋鞣花酸和抗炎活性多肽的产业化提供了理论依据和技术支持[282]。

除作为被递送功能因子外，核桃蛋白也可作为壁材对其他活性物质进行包埋。庞志花等采用核桃蛋白包埋番茄红素，微胶囊化可有效提高番茄红素的光照稳定性，尤其胶囊内部番茄红素的光照稳定性说明核桃蛋白作为壁材包埋番茄红素具有可行性和实际意义[283]。Moghadam等研究了核桃蛋白与姜黄素络合来改善姜黄素的结构与功能性质。研究表明，姜黄素与核桃蛋白之间的相互作用以疏水相互作用为主。傅里叶变换红外光谱和圆二色性光谱也表明姜黄素络合对核桃蛋白的结构没有显著影响。结果还表明，将姜黄素包埋在核桃蛋白中不仅提高了姜黄素的水溶性和抗氧化活性，而且在模拟人体胃肠条件下具有较好的缓释作用[284]。

为了进一步提高功能因子的递送效率，整合不同递送载体的优势，复合型递送体系开始受到研究者们的关注。例如，采用天然大分子纳米颗粒取代传统乳液中用于稳定油-水界面的表面活性剂，制备Pickering乳液体系，以避免在食品中使用合成表面活性剂的潜在安全问题[285，286]；采用天然大分子在脂质型递送载体表面构建保护层，提高载体在消化道剪切作用及胃部酸性环境下的稳定性，从而进一步提高食品功能因子的生物利用度（图8）[287, 288]。上述技术在未来核桃功能因子递送方面可进行进一步的研究。

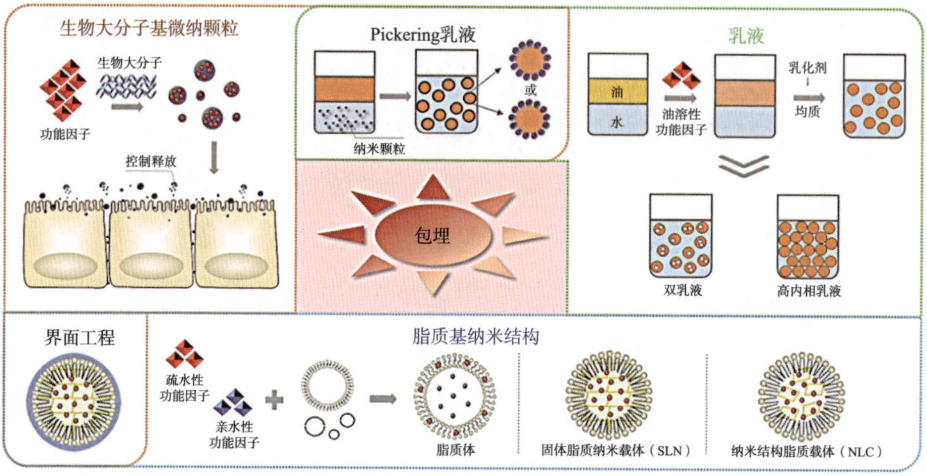

图8 食品功能因子不同递送载体示意图

4.1.4 组分加工改良关键技术

4.1.4.1 核桃蛋白的改性

多数天然蛋白质在食品加工应用中并不能展现良好的功能性，改性可以改变蛋白质的结构和空间构象，获得最佳的蛋白质大小、表面特性、电荷、疏水和亲水比以及分子弹性等特性，因此可通过改性来改善蛋白质的营养价值和功能性质[289]。常用的蛋白质改性方法可分为物理改性、化学改性和酶法改性。

物理改性是通过一定的物理手段，如超高压处理、热处理、超声处理、高剪切和电子束辐照等对蛋白质进行改性。由于核桃蛋白溶解性较差，许多研究人员做了一些核桃蛋白的改性研究。Downs等研究了烘焙对核桃蛋白溶解度和免疫反应原性的影响，研究表明，核桃蛋白在180℃烘焙20min后，其溶解度急剧下降，然而烘焙核桃的可溶性和不可溶性蛋白质都保留了大量的免疫球蛋白免疫反应原性。因此，核桃蛋白在一定的热处理条件下是相对稳定的，即使形成了不溶性聚集物，仍然存在免疫球蛋白免疫反应原性[290]。Yang等研究了超高压和热处理对核桃免疫反应原性的影响。通过竞争性抑制酶联免疫吸附试验评估加工核桃的残留免疫反应原性。研究表明，超高压处理和热处理与超高压的协同处理可能是减少核桃过敏原的一种潜在策略[291]。Zhao等研究了电子束辐照对核桃蛋白粉结构特性和热稳定性的影响。研究表明，电子束辐照可导致核桃蛋白的聚集或交联，此外热重分析和Zeta电位表明，电子束辐照增强了核桃蛋白粉的热稳定性，而不影响核桃蛋白粉水解产物的物理稳定性[292]。Zhu等利用不同功率和不同次数的超声波对核桃蛋白悬浮液进行超声波处理，结果表明，超声波处理后核桃蛋白悬浮液的水溶性、乳化活性和乳化稳定性均有提高[293]。Kong等研究了高剪切处理核桃蛋白，研究表明，高剪切处理，特别是在碱性pH条件下可以较好地提高蛋白质的溶解度[294]。

化学改性是通过对羧基、氨基和巯基等蛋白质多肽中的功能基团采用化学试剂或手段进行改性，从而改善其功能性的方法。常用的化学改性方法包括酰基化、脱酰胺、磷酸化、糖基化、共价交联等，具有反应简单、应用广泛、效果显著的特点，但在应用于食品体系前需要深入研究其营养及安全性。目前化学方法改性核桃蛋白功能性质的研究主要有糖基化修饰和多酚与核桃蛋白交联。Ullah等研究了葡萄糖与核桃蛋白发生美拉德反应。研究表明，核桃蛋白与葡萄糖形成共轭物后改变了核桃蛋白的二级结构，降低了其表面疏水性，提高了乳液的乳化活性与乳化稳定性[295]。这两种化学修饰方法安全性较高，具有一定的应用潜力。

酶法改性是指蛋白质在酶的作用下降解或交联聚合成理化性质改善的功能性蛋白质的过程[296]。酶解会使蛋白质降解为肽甚至是氨基酸，不仅使蛋白质理化特性显著改善，而且可以促进蛋白质的消化与吸收，且使其具有许多独特的理化特性与生物活性。由于酶法改性具有反应速率快、处理条件温和、安全性高等优势，近几年，用酶法改性核桃蛋白也被报道。Wang等用碱性蛋白酶和胰蛋白酶水解核桃蛋白，研究表明，核桃蛋白水解物比核桃蛋白具有更好的理化性质、抗氧化活性、血管紧张素转化酶抑制活性以及热稳定性[297]。Shi等用胃蛋白酶和谷氨酰胺转氨酶处理桃蛋白，研究表明，与水解前的核桃蛋白相比，两种酶水解产物的溶解性显著提高[298]。胃蛋白酶水解产物的表面疏水性显著提高，而谷氨酰胺转氨酶交联产物的表面疏水性没有显著变化。谷氨酰胺转氨酶交联产物的黏度显著增加，而胃蛋白酶水解产物的黏度没有变化。Moghadam等用胰蛋白酶水解核桃蛋白，研究表明，胰蛋白酶水解2h后，核桃蛋白的溶解度由17%提高到63%。核桃蛋白水解物的表面疏水性高于天然未水解的蛋白质，同时其起泡性和乳化性都显著提升，水解产物也显示了较强的抗氧化活性。此外，核桃蛋白对血管紧张素转换酶活性的抑制能力以及对姜黄素和槲皮素等疏水性生物活性分子的运载能力也在胰蛋白酶的作用下得到了显著提高[299]。

4.1.4.2 提高核桃油稳定性

由于核桃油富含多不饱和脂肪酸，在加工时曝露于高温、高氧和强光线等环境条件下，核桃油通过自动氧化等反应生成氢过氧化物和二级氧化产物（如醛、酮、酸、醇环氧化物等），出现刺激性气味及油脂变色的现象，导致核桃油感官品质和营养价值降低、保质期缩短，同时这些氧化产物存在潜在毒性，不利于人体健康[300]。因此，控制核桃油氧化至关重要。

目前控制核桃油氧化的方法主要有加入抗氧化剂、微胶囊封装及油凝胶制备。

在核桃油中较常使用的化学合成抗氧化剂主要有叔丁基对苯二酚（TBHQ）、二丁基羟基甲苯（BHT）、没食子酸丙酯（PG）、棕榈酸抗坏血酸酯（AP）和丁基羟基茴香醚（BHA）等。研究表明，与复合抗氧化剂相比，单一抗氧化剂难以达到最佳的抗氧化效果，这是由于当两种及以上的抗氧化剂联合使用时，各种抗氧化剂之间的协同作用使新的酚类物质产生，进而其抗氧化性能得以提高[301]。虽然合成抗氧化剂效果好，但其安全性一直受到质疑，目前其在食品中的使用受到严格限制[302]。因此，对具有抗氧化特性的天然化合物的探究和应用得到了促进。大多数天然抗氧化剂来源于草药和香料，并已被广泛研究。常见的天然抗氧化剂有生育酚、*l*–抗坏血酸棕榈酸酯、迷迭香、茶多酚、百里酚、香芹酚、马齿苋提取物等。田雨等研究了橄榄叶提取物橄榄苦苷对核桃油的抗氧化效果，与未添加橄榄苦苷的核桃油相比，添加了橄榄苦苷的核桃油氧化稳定性好、自由基清除能力强，且其自由基清除能力明显优于柠檬酸和维生素C[303]。该结果可为开发绿色安全的核桃油抗氧化剂提供新思路。故应选择抗氧化性能好的复合抗氧化剂来延长核桃油的保质期，且由于合成抗氧化剂的限制性，在食品加工中应多探索开发新的食品天然抗氧化剂，以满足储存需求。

核桃油易氧化，采用微胶囊技术对其进行包埋、阻隔氧，可延缓油脂氧化。在制备微胶囊化核桃油时，喷雾干燥法、冷冻干燥法是最常用方法。通过喷雾干燥法，利用纳米SiO_2改性大豆分离蛋白制备核桃油微胶囊，可以阻断油脂与氧气反应以及光热反应，极显著增强了核桃油的氧化稳定性[304]。此外，Calvo等通过冷冻干燥法制备的核桃油微胶囊也可以阻止核桃油氧化酸败，且保持了核桃油的风味[305]。在壁材使用上，低聚果糖在冷冻干燥过程中可以通过保持蛋白质的结构来提高包封率，未包封核桃油的过氧化值是包封核桃油的2.8倍；在加速氧化实验中，微胶囊核桃油的过氧化值和硫代巴比妥酸值均明显低于空白组核桃油，说明低聚果糖微胶囊包埋可以显著增强核桃油的氧化稳定性[306]。同时，Li等进一步采用分子包埋法和冷冻干燥技术对核桃油进行微胶囊化，发现以羟丙基–*β*–环糊精作为壁材的核桃油在光、氧等条件下的储存性能优于以多孔淀粉为壁材的核桃油，能有效延长其保质期[307]。黄雨洋等的研究结果也表明，微胶囊包埋技术能够提高核桃油的氧化稳定性，并且包封率越高，粉末油脂的氧化稳定性越好[308]。

油凝胶是指在液态油中添加适量安全可靠的凝胶剂而形成的一种塑料脂肪，油凝胶使食品具有良好的色泽、风味、质地和稳定性，同时油凝胶饱和脂肪酸含量低，核桃油凝胶逐渐受到人们的关注。Yu等以米糠蜡形成的三维网络体系作为内部结构，在内部结构的基础上加入大豆分离蛋白和磷脂酰丝氨酸形成外部结构，用超声波处理制备核桃油凝胶，在此处理下，油凝胶在提高核桃油的氧化稳定性方面显示出了显著的优势，表明制备核桃油凝胶可以延长不饱和脂肪酸含量高的液态植物油的氧化稳定性[309]。García-Ortega 等以纤维素纳米纤维为独特的油凝胶剂，制备了稳定性更好的可食用核桃油凝胶，减少了敏感液体油氧化产生过氧化物或超氧化物[310]。在延缓核桃油氧化酸败的过程中，也可按需选择此技术延长核桃油的保质期。

综上所述，在核桃油抗氧化方面，天然抗氧化剂在核桃油抗氧化中发挥着积极作用，应努力将更多高效、安全的天然抗氧化剂应用到核桃油中，以满足更多的需求；同时还需要探究新技术的应用，如尽快改进完善核桃油微胶囊及油凝胶工艺，提高核桃油的抗氧化能力。

4.2 核桃脑健康产品开发

2014年，国务院印发《国务院办公厅关于加快木本油料产业发展的意见》，提出加快以核桃、油茶为主体的木本油料产业发展，以大力增加健康优质食用植物油供给，切实维护国家粮油安全，加大核桃深加工产品——核桃油的发展力度。该“意见”指出：鼓励企业推进木本油料产业化经营，鼓励企业利用新技术、新工艺，开展精深加工和副产品开发，实现循环发展和综合利用，促进核桃生产及产品加工。根据核桃中的成分及对核桃产品的研发，目前在核桃深加工方面主要加工产品可分为核桃蛋白类产品、核桃油脂类产品和核桃其他类产品。

4.2.1 核桃蛋白类产品

核桃作为一种功能性食品，在促进健康方面引起了广泛的关注。生核桃的一般加工过程包括清洗、浸泡、剥皮和胶体研磨。通过一些特定的方法改变核桃蛋白的特性，可以获得核桃蛋白类产品，包括饮料和添加剂（图9）。

核桃乳制品是一种很受欢迎的营养饮料，含有蛋白质、B族维生素、烟酸和各种微量元素，具有浓郁的核桃香味。核桃乳一般分为用未脱脂的核桃仁加工的全脂核桃乳和用去除全部油脂后的核桃蛋白制成的脱脂核桃乳。Gharibzahedi等进行了响应面模拟实验，以优化制造条件，发现水/油比是影响浊度损失率、粒度指数和不透明度的重要因素[311]。Liu等研究了pH、冻融和热杀菌对核桃饮料理化稳定性的影响，发现较长时间的热灭菌会导致饮料的物理和氧化稳定性较差，可能破坏核桃蛋白和黄原胶的界面层[312]。发酵也是核

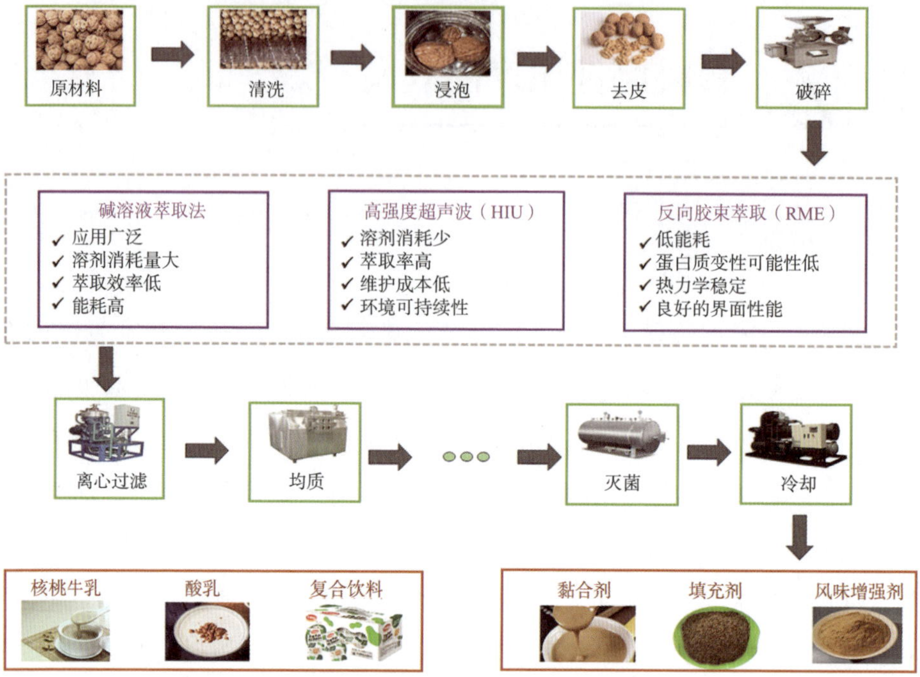

图9 核桃蛋白加工过程和产品[315]

桃饮料生产中较为普遍的一种加工方法，可以提升核桃的口感和营养特性。Cui等利用发酵技术制备核桃乳饮料，最佳工艺条件为：温度30℃、时间12h、菌种接种量3g、蔗糖浓度80g/L[313]。

核桃粉分为全脂型和低脂型两种，可作为黏合剂、填充剂、风味增强剂。低脂型核桃粉含油少，因此保质期长；全脂型核桃粉含有较多的油脂，因此保质期短。速溶不完全及保质期短是核桃粉产品的主要技术难题，因此，核桃粉的开发研究以低脂核桃粉为主。采用不同干燥技术对除油后的核桃粕进行加工制备核桃粉产品。除以核桃仁为原料生产核桃粉外，目前部分企业利用生产核桃油产生的副产品——核桃粕作为原料生产低脂核桃蛋白粉。研究发现，以核桃粕作为原料生产的低脂核桃蛋白粉保留了核桃和核桃油的大部分特性，仍然含有非常丰富的脂肪酸（18%~36%）和蛋白质（30%~45%），并且不饱和脂肪酸与饱和脂肪酸的比例优异（9.07），具有良好的氨基酸结构，重要的生物活性化合物含量高。在开发和利用方面，可以加入核桃粉从而改善新型烘焙产品的营养和技术特性[314]。此外，利用核桃粕制造的核桃生物活性肽具有不同的生理功能，核桃生物活性肽作为一种新型的核桃深加工营养产品，具有广阔的应用前景和市场潜力。

4.2.2 核桃油脂类产品

发展以核桃为代表的木本油料，对于缓解我国粮油供需矛盾和进口压力，实施国家粮油安全战略具有重要意义。核桃油具有良好的脂肪酸组成和丰富的植物化学物质，对人体健康有益，《草木春秋》记载核桃油内服可以驱杀绦虫及通利大便，外用又治芥癣、冻疮、腋臭、中耳炎等[316]。

核桃油的原料主要为核桃（*Juglans regia* L.）或泡核桃（*Juglans sigillata* Dode）。目前研究报道了许多提取核桃油的方法，如索氏提取、溶剂浸提、超临界流体萃取、超声辅助提取、酶辅助提取、液压冷榨等[317]。

国内外研究表明，核桃油中生物活性成分的类型和含量取决于提取方法。例如，Ahmed等研究发现冷榨和索氏提取获得的核桃油的化学组成含量略有不同，冷榨的油样中脂肪酸和生育酚含量较高[318]。冷榨的优点在于不需要加热，使许多对温度敏感的酚类物质被保留下来，保证了核桃油的质量和营养价值，核桃蛋白在低温下未发生变性，可以再利用[319]。与之相比，热榨焙炒和压榨过程中榨膛的高温使得油饼中蛋白质发生变性，饼粕的综合利用率降低。目前，为了实现效益最大化，一些企业通常以冷榨制备核桃油为主线，通过对核桃饼粕的再利用降低生产成本，实现核桃油制备加工的增值利用。

溶剂浸提由于对环境有危害性，近年来已不常使用此方法制备植物油。

超临界流体萃取是利用温度和压力高于临界点的流体作为溶剂在超临界状态下分离非极性物质的萃取方法。与传统制备方法相比，亚临界流体萃取具有提取时间更短、效率和安全性更高、提取温度更低、实用性更强和总投资成本更低等优点。张庆等利用亚临界正丁烷流体萃取核桃油，发现在萃取时间

40min、温度50℃、料液比0.2g/mL的条件下，核桃油提取率达到64.01%[320]。

超声辅助提取也可用于核桃油的制备。Ghasemi等采用正己烷、超声辅助水酶法提取核桃油，发现提取的核桃油产率、不饱和脂肪酸和总酚含量高，且抗氧化性好[321]。Liu等建立了一种快速高效的超声-微波辅助法提取东北核桃油，比较发现此法提取的核桃油对DPPH和FRAP自由基清除能力最强，其次是正己烷提取，最后是压榨法[322]。但孙俪娜等认为超声辅助提取得到的核桃油氧化速率明显高于未经超声处理的核桃油，表明超声处理在一定程度上促进了核桃油的氧化[323]。故超声辅助对核桃油氧化稳定性的影响还需进一步探究。在保持核桃油品质安全、提高核桃油氧化稳定性的同时，降低能源消耗、提高制备效率是核桃油制备未来的研究方向。

4.2.3 核桃其他类产品

宋代时，核桃除生食外也添加于其他食品中煮制。《武林旧事》中记载："寺院及人家用胡桃、松子、乳蕈、柿栗之类作粥，谓之腊八粥""医家亦多合药剂，侑以虎头丹、八神、屠苏，贮以绛囊，馈遗大家，谓之腊药"[324]。"腊药"是腊冬所制，常用于滋补的药，为药膳的一种，宋代民间常用。由此可见，自宋代起，人们便能够掌握核桃的生物学特性、药理、药效，甚至对一些病症治疗的用法用量都有很高的见解。

多食核桃仁会给人油腻感，为丰富核桃仁的口感，《遵生八笺》提到，核桃与蜂蜜一起秘制的核桃烧饼，不仅是一种养生食疗方，而且美味、营养丰富，具有补肾健脑、美容养颜等功效[325]。

目前，我国以核桃仁为主辅料生产的食品多达200多种，市面上常见的核桃产品有琥珀核桃、五香核桃、蜂蜜核桃、盐核桃、脱皮核桃仁等，丰富的核桃产品提高了核桃附加值。杨春梅等研究结果显示，与未加工核桃仁相比，在加工后24h内测定的琥珀核桃仁和椒盐核桃仁的过氧化值和酸价都有不同程度的升高，总酚含量均有所下降，琥珀核桃仁与椒盐核桃仁的提取物在6d后其抑制脂质过氧化作用开始明显减弱，而未加工核桃仁提取物的抑制作用持续稳定，与0.02%TBHQ相当[326]。除核桃仁加工制品外，近年来也研发了许多核桃零食，如辣木核桃蛋白能量棒[327]、核桃蛋白肽粉[328]、普洱茶核桃饼干[329]、核桃分心木蛋糕[330]等。

除原料制品外，核桃蛋白作为一种良好的黏合剂、填充剂和风味增强剂，被广泛添加到香肠、火腿等肉制品中，保持了产品的精细组织性。鉴于核桃中营养物质和植物化学物质的组合，Colmenero等评估了添加不同比例核桃的重组牛排的物理化学和感官特性。其形态特征表明，核桃干扰了蛋白质网络结构的形成，呈现出更多可接受的特性[331]。Serrano等研究发现，补充核桃可以显著提高重组牛排的冷冻稳定性，而不会产生任何副作用[332]。此外，食用富含核桃的肉类增强了志愿者的抗氧化状态，具有预防冠心病的作用[333]，因此，在肉制品中加入坚果可以带来潜在的心脏健康益处。但核桃的食用量需要掌握好，食之过少，不能满足人体需求量，效果不明显；食之过多，适得其反。因此要有一个循序渐进的过程，如《食疗本草》中记载："孟诜曰凡服胡桃不得并食，须渐渐食之，初日服一颗，每五日加一颗，至二十颗止，周而复始。常服令人能食，骨肉细腻光润，鬓发黑泽，血脉通润，养一切老痔[2]。"

综上所述，核桃是一种很有前途的功能性食品原料。在产品研发方面，需健全标准体系，将标准化应用到核桃产业发展关键环节，加快制（修）订深纹核桃园地提升改造、产地初加工、包装贮藏、主栽品种坚果质量等级、仁质量等级等生产加工系列技术标准（规范），强化核桃产业标准化体系建设。为充分利用核桃及核桃副产品，可以根据《中国居民膳食指南》针对不同人群开发核桃保健产品，从而提高核桃资源的利用和推动核桃产业的发展。

附录　缩略语表

UFA	不饱和脂肪酸
MUFA	单不饱和脂肪酸
PUFA	多不饱和脂肪酸
GABA	γ–氨基丁酸
SRC	必需氨基酸比值系数评分
PER	蛋白质功效比值
T2DM	2型糖尿病
DPPH	1, 1–二苯基–2–三硝基苯肼
ABTS	2, 2′–联氮–双–3–乙基苯并噻唑啉–6–磺酸
· OH	羟自由基
· O_2	超氧自由基
PC12	大鼠嗜铬细胞瘤细胞
T–AOC	总抗氧化能力
SOD	超氧化物歧化酶
MDA	丙二醛
TNF–α	肿瘤坏死因子–α
IL	白细胞介素
MCF–7	人乳腺癌细胞
Caco–2	人结肠癌细胞
Hela	人宫颈癌细胞
ACE	血管紧张素转化酶
AD	阿尔茨海默病
Ig	免疫球蛋白
IL	白细胞介素
GAE	没食子酸当量
TE	α–生育酚当量

FRAP	铁离子还原能力
CNS	中枢神经系统
VD	血管性痴呆
ROS	活性氧自由基
RNS	活性氮自由基
DNA	脱氧核糖核酸
GSH	谷胱甘肽
AD–tg	阿尔茨海默病转基因模型
EGCG	表没食子儿茶素没食子酸酯
CAT	过氧化氢酶
GSH–px	谷胱甘肽过氧化物酶
ORAC	氧自由基吸收能力
NMR	核磁共振
DPP–Ⅳ	二肽基肽酶–4
SH–SY5Y	人神经母细胞瘤细胞
Nrf2	核因子E2相关因子
JNK	*c–Jun*氨基末端激酶
MAPK	丝裂原活化蛋白激酶
BHT	2, 6–二叔丁基对甲酚
NFT	神经原纤维缠结
PGE2	前列腺素E2
IFN–γ	干扰素–γ
GM–CSF	粒细胞–巨噬细胞集落刺激因子
sE–selectin	可溶性E–选择素
EPA	二十碳五烯酸
DHA	二十二碳六烯酸
LPS	脂多糖
COX–2	环氧合酶–2
iNOS	一氧化氮合酶

IBA-1	离子化钙结合适配分子-1
THP-1	人急性单核细胞白血病细胞
MCP-1	单核细胞趋化蛋白-1
RNA	核糖核酸
SCOP	东莨菪碱
DNMT	DNA甲基转移酶
NCM460	人正常上皮细胞
5-HT	5-羟色胺
VEGF	血管内皮生长因子
APP	淀粉样前体蛋白
LTP	长时程增强
sAPPα	可溶性APPα
Ach	乙酰胆碱
ATP	腺嘌呤核苷三磷酸
SAMP8	快速老化小鼠
BDNF	脑源性神经营养因子
PSD95	突触后密度蛋白
AMPK	腺苷酸活化蛋白激酶
SIRT-1	沉寂信息调节因子
PGC-1α	过氧化物酶体增殖物激活受体γ共激活因子-1α
TrkB	酪氨酸激酶受体B
SYN	突触素
cAMP	环磷酸腺苷
p-CREB	cAMP反应元件结合蛋白磷酸化
HT22	小鼠海马神经元细胞
C1q	补体成分1q
T2DM	2型糖尿病
NMDAR	*N*-甲基-D-天冬氨酸受体
PI3K	磷脂酰肌醇3-激酶

IP3	三磷酸肌醇
NOD	核苷酸寡聚化结构域
NLRP3	NOD样受体蛋白3
HPA	下丘脑-垂体-肾上腺
AchE	乙酰胆碱酯酶
CREB	cAMP反应元件结合蛋白
BBB	血脑屏障
BEC	脑内皮细胞
TJ	紧密连接
MMP-9	金属蛋白酶-9
ZO-1	紧密连接蛋白-1
mTOR	哺乳动物雷帕霉素靶蛋白
Atg	自噬相关蛋白
LC3-Ⅱ	人微管相关蛋白Ⅱ轻链3
LAMP	溶酶体膜相关蛋白
IEC-6	大鼠隐窝上皮细胞
AMPK	单磷酸腺苷活化蛋白激酶
ULK1	自噬启动蛋白1
HepG2	人肝癌细胞
Keap1	kelch 样 ECH 相关蛋白1
HO-1	血红素氧合酶-1
PTEN	磷酸酶张力蛋白同源物
PINK1	PTEN诱导的线粒体激酶1
DA	多巴胺
NE	去甲肾上腺素
EC	表儿茶素
ChAT	胆碱乙酰转移酶
REM	快速眼动睡眠期
GSSG	氧化型谷胱甘肽

MT	褪黑素
HIBA	3–羟基–4–亚氨基丁酸
COVID–19	新型冠状病毒肺炎
NHANES	美国健康和营养调查研究
PREDIMED	地中海饮食预防研究
ASD	自闭谱系障碍（简称自闭症）
ADHD	多动障碍
AlA	α-亚麻酸
MCI	轻度认知障碍
CVD	心血管疾病
TC	总胆固醇
LDL–C	低密度脂蛋白胆固醇
TG	甘油三酯
HDL–C	高密度脂蛋白胆固醇
Apo	载脂蛋白
BMI	身体质量指数
SSF	固态发酵
SLN	固体脂质纳米载体
NLC	纳米结构脂质载体
T–SOD	总超氧化物歧化酶
TBHQ	叔丁基对苯二酚
PG	没食子酸丙酯
AP	棕榈酸抗坏血酸酯
BHA	丁基羟基茴香醚

参考文献

［1］（明）李时珍．本草纲目［M］．北京：人民卫生出版社出版，1982.

［2］（唐）孟诜．食疗本草［M］．北京：人民卫生出版社出版，1984.

［3］陈海云，耿树香，宁德鲁，等．云南3个主栽核桃品种油脂功能成分分析［J/OL］．中国油脂：1-12［2024-02-26］.

［4］徐影影，苗永军，赵文革，等．核桃油加工技术及抗氧化技术对其氧化稳定性的影响［J/OL］．中国油脂：1-11［2024-02-26］.

［5］邓欣伦．核桃蛋白—多糖界面相互作用及其对乳浊液性质影响的研究［D］．广州：华南理工大学，2016.

［6］韩永翔．核桃不同品种营养品质差异与产地溯源［D］．北京：中国林业科学研究院，2019.

［7］黄雯倩，曾婕，余元善，等．核桃蛋白的研究进展［J］．现代食品，2023，29（23）：23-28.

［8］缪福俊，宁德鲁．核桃多肽生物活性研究进展［J］．中国油脂，2021，46（3）：48-51.

［9］荣瑞芬，齐琳，苏晨，等．核桃多糖研究进展［J］．食品科学技术学报，2021，39（3）：11-21.

［10］刘丹丹，朱俊松，张雪莉，等．核桃蛋白营养评价及其对DSS诱导小鼠急性结肠炎的改善作用［J］．食品工业科技，2022，43（20）：372-379.

［11］Wen C, Zhang Z, Cao L, et al. Walnut protein: A rising source of high-quality protein and its updated comprehensive review［J］. Journal of Agricultural and Food Chemistry, 2023, 71（28）：10525-10542.

［12］朱俊玲，郝利平，卢智．核桃的加工利用现状［J］．食品工业，2003（3）：47-49.

［13］赵江，张泽生，王浩，等．蛋白粉中乳清浓缩蛋白和大豆分离蛋白的复配及其营养价值评价［J］．食品研究与开发，2007（9）：145-147.

［14］汤慧民，黄韫．水提法提取核桃壳多糖及其抗氧化研究［J］．粮食与油脂，2019，32（6）：78-81.

［15］张婷．山核桃青衣多糖的提取分离、结构和活性研究［D］．杭州：浙江工商大学，2008.

［16］李世亮．中国七个主产区核桃综合品质差异比较［D］．北京：中国林业科学研究院，2018.

［17］吴萍，周际松，邓乾春，等．核桃蛋白的结构、营养价值、制备、功能特性及在食

品中的应用［J/OL］. 食品科学：1-12［2024-02-26］.
［18］ 赵垦田，颜秀娟. 核桃楸种仁可溶性多糖热水提取工艺研究［J］. 中国林副特产 2008（2）：17-18.
［19］ 于翠莲. 核桃青皮粗多糖的提取、理化性质及其抗氧化活性的研究［D］. 保定：河北农业大学，2012.
［20］ Zheng X, Li D S, Ding K. Purification and identification of angiotensin I-converting enzyme inhibitory peptides from fermented walnut residues［J］. International journal of food properties, 2017, 20：3326-3333.
［21］ 吴淑娟，王锐，董兆斌，等. 红仁核桃多肽的制备工艺优化及降血脂功能研究［J］. 中国油脂，2023，48（6）：54-60.
［22］ 刘欣然，康家伟，郝云涛，等. 核桃低聚肽对db/db小鼠血糖的影响［J］. 中国食物与营养，2020，26（3）：61-64.
［23］ 李丽. 核桃多肽防治糖尿病物质基础及作用机制研究［D］. 武汉：武汉工程大学，2017.
［24］ 刘威，闵伟红，刘春雷，等. 核桃清蛋白抗氧化肽的制备及其活性研究［J］. 食品研究与开发，2017，38（17）：40-44.
［25］ 李艳伏，徐怀德，陈金海，等. 木瓜蛋白酶酶解核桃粕蛋白产物抗氧化活性研究［J］. 中国食品学报，2008（5）：8-14.
［26］ 郝常艳. 核桃多肽的制备条件优化及其抗氧化活性研究［D］. 太原：山西大学，2014.
［27］ 郭勇，秦汉雄，魏贞，等. 长白山核桃源五肽对过氧化氢诱导PC12细胞氧化损伤的保护作用及机理［J］. 食品科学，2019，40（13）：143-149.
［28］ 郝云涛，珠娜，李勇. 核桃肽制备工艺的研究进展［J］. 食品工业，2020，41（5）：253-257.
［29］ Gu M U, Chen H P, Zhao M M, et al. Identification of antioxidant peptides released from defatted walnut（*Juglans sigillata* Dode）meal proteins with pancreatin［J］. LWT-Food Science and Technology, 2015, 60（1）：213-220.
［30］ Liao W, Lai T, Chen L, et al. Synthesis and characterization of a walnut peptides–zinc complex and its antiproliferative activity against human breast carcinoma cells through the induction of apoptosis［J］. Journal of agricultural and food chemistry, 2016, 64（7）：1509-1519.
［31］ Li X, Guo M, Chi J, et al. Bioactive peptides from walnut residue protein［J］. Molecules, 2020, 25（6）：1285.
［32］ 包怡红，于阳阳，赵若诗. 酶解山核桃蛋白制备降血压肽的工艺［J］. 食品科学，2013，34（1）：220-224.

［33］ 周慧江．核桃蛋白源ACE抑制剂肽的酶法制备及分离、纯化［D］．西安：陕西科技大学，2013.

［34］ Wang C, Tu M, Wu D, et al. Identification of an ACE-inhibitory peptide from walnut protein and its evaluation of the inhibitory mechanism［J］. International journal of molecular sciences, 2018, 19（4）：1156.

［35］ Liu M, Du M, Zhang Y, et al. Purification and identification of an ACE inhibitory peptide from walnut protein［J］. Journal of agricultural and food chemistry, 2013, 61（17）：4097-4100.

［36］ 顾欣，李迪，侯雅坤，等．核桃蛋白源血管紧张素转化酶抑制剂的分离纯化［J］．食品科学，2013，34（9）：52-55.

［37］ 邹娟．核桃多肽对体内外老年痴呆实验模型的干预作用研究［D］．武汉：华中科技大学，2016.

［38］ 杜倩，乌兰，刘睿，等．核桃肽对幼年小鼠学习记忆能力的影响［J］．中国生育健康杂志，2017，28（6）：538-543.

［39］ 崔玲玉．长白山核桃蛋白肽的制备及功能活性研究［D］．长春：吉林农业大学，2016.

［40］ 杨胜杰，钟少达，崔玉梅，等．核桃肽免疫调节作用的研究［J］．北方药学，2019，16（7）：129-131.

［41］ Anderson K J, Teuber S S, Gobeille A, et al. Walnut polyphenolics inhibit *in vitro* human plasma and LDL oxidation［J］. The Journal of nutrition, 2001, 131（11）：2837-2842.

［42］ Regueiro J, Sánchez-González C, Vallverdú-Queralt A, et al. Comprehensive identification of walnut polyphenols by liquid chromatography coupled to linear ion trap–Orbitrap mass spectrometry［J］. Food chemistry, 2014, 152：340-348.

［43］ Jahanban-Esfahlan A, Ostadrahimi A, Tabibiazar M, et al. A comprehensive review on the chemical constituents and functional uses of walnut（*Juglans* spp.）husk［J］. International journal of molecular sciences, 2019, 20（16）：3920.

［44］ Zhang Y G, Kan H, Chen S X, et al. Comparison of phenolic compounds extracted from Diaphragma juglandis fructus, walnut pellicle, and flowers of Juglans regia using methanol, ultrasonic wave, and enzyme assisted-extraction［J］. Food chemistry, 2020, 321：126672.

［45］ 赵鑫丹．核桃内种皮抗氧化成分的提取分离及其活性研究［D］．咸阳：西北农林科技大学，2021.

［46］ Pereira J A, Oliveira I, Sousa A, et al. Walnut（*Juglans regia* L.）leaves: Phenolic compounds, antibacterial activity and antioxiunt potential of different cultivars［J］. Food and chemical toxicology, 2007, 45（11）：2287-2295.

［47］ 张琴，刘占文，李艳宾，等．核桃叶水浸提液对棉花生长及棉花枯萎病菌的化感效应［J］．生态科学，2017，36（1）：165-169.
［48］ Carvalho M, Ferreira P J, Mendes V S, et al. Human cancer cell antiproliferative and antioxidant activities of Juglans regia L［J］. Food and chemical toxicology, 2010, 48（1）：441-447.
［49］ 杨红亚．阴阳双补方及各拆方对PC12细胞氧化损伤的保护作用及对PLC-γ_1-PKCα-PLD信号转导通路影响的研究［D］．郑州：河南中医学院，2005.
［50］ Wenzel J, Storer Samaniego C, Wang L, et al. Antioxidant potential of Juglans nigra, black walnut, husks extracted using supercritical carbon dioxide with an ethanol modifier［J］. Food Science & Nutrition, 2017, 5（2）：223-232.
［51］ 梁杏．核桃饼粕多酚提取纯化及其抗氧化和降脂活性初步研究［D］．昆明：云南中医学院，2016.
［52］ Meng Q R, Wang Y Q, Chen F, et al. Polysaccharides from Diaphragma juglandis fructus: extraction optimization, antitumor, and immune-enhancement effects［J］. International journal of biological macromolecules, 2018, 115: 835-845.
［53］ Dehghani F, Mashhoody T, Panjehshahin M. Effect of aqueous extract of walnut septum on blood glucose and pancreatic structure in streptozotocin-induced diabetic mouse［J］. Iranian Journal of Pharmacology & Therapeutics, 2012, 11（1）：10-14.
［54］ Wang G, Zhang Y, Zhang R, et al. The protective effects of walnut green husk polysaccharide on liver injury, vascular endothelial dysfunction and disorder of gut microbiota in high fructose-induced mice［J］. International Journal of Biological Macromolecules, 2020, 162：92-106.
［55］ 吕建平，张直峰，聂倩，等．核桃青皮多糖超声辅助提取工艺及抗氧化活性研究［J］．湖北农业科学，2014，53（5）：1148-1152.
［56］ 刘安军，王玥玮，朱振元，等．核桃仁种皮多糖的提取及抑菌作用的研究［J］．现代食品科技，2010，26（4）：362-365+369.
［57］ 周丽莎，朱书秀，王小月．核桃仁提取物对老年痴呆模型大鼠IL-1、IL-6含量影响的实验研究［J］．江汉大学学报（自然科学版），2012，40（1）：89-91.
［58］ Novotný M, Klimova B, Valis M. Microbiome and cognitive impairment: can any diets influence learning processes in a positive way?［J］. Frontiers in aging neuroscience, 2019, 11：170.
［59］ Wang S, Sun-Waterhouse D, Waterhouse G I N, et al. Effects of food-derived bioactive peptides on cognitive deficits and memory decline in neurodegenerative diseases: A review［J］. Trends in Food Science & Technology, 2021, 116：712-732.
［60］ 王安绪，王永献，高洁，等．补充核桃对学生记忆作用的随机双盲对照研究［J］.

中国食品添加剂，2018（9）：101-106.
［61］ Martínez-Lapiscina E H, Clavero P, Toledo E, et al. Mediterranean diet improves cognition: the PREDIMED-NAVARRA randomized trial［J］. Journal of Neurology, Neurosurgery & Psychiatry, 2013, 84（12）：1318-1325.
［62］ Valls-Pedret C, Sala-Vila A, Serra-Mir M, et al. Mediterranean diet and age-related cognitive decline: a randomized clinical trial［J］. JAMA internal medicine, 2015, 175（7）：1094-1103.
［63］ Domanskyi A, Parlato R. Oxidative stress in neurodegenerative diseases［J］. Antioxidants, 2022, 11（3）：504.
［64］ Hayes D, Angove M J, Tucci J, et al. Walnuts（Juglans regia）chemical composition and research in human health［J］. Critical reviews in food science and nutrition, 2016, 56（8）：1231-1241.
［65］ Hudthagosol C, Haddad E H, McCarthy K, et al. Pecans acutely increase plasma postprandial antioxidant capacity and catechins and decrease LDL oxidation in humans［J］. The Journal of nutrition, 2011, 141（1）：56-62.
［66］ Zhao F, Liu C, Bordoni L, et al. Advances on the antioxidant peptides from nuts: a narrow review［J］. Antioxidants, 2022, 11（10）：2020.
［67］ Liu D, Guo Y, Ma H. Production, bioactivities and bioavailability of bioactive peptides derived from walnut origin by-products: a review［J］. Critical Reviews in Food Science and Nutrition, 2023, 63（26）：8032-8047.
［68］ Wang M, Sun X, Luo W, et al. Characterization and analysis of antioxidant activity of walnut-derived pentapeptide PW5 via nuclear magnetic resonance spectroscopy［J］. Food Chemistry, 2021, 339：128047.
［69］ Li W, Li H, Li J, et al. Structure-activity relationship of walnut peptide in gastrointestinal digestion, absorption and antioxidant activity［J］. LWT, 2023, 189：115521.
［70］ Feng L, Wu Y, Wang J, et al. Neuroprotective Effects of a Novel Tetrapeptide SGGY from Walnut against H_2O_2-Stimulated Oxidative Stress in SH-SY5Y Cells: Possible Involved JNK, p38 and Nrf2 Signaling Pathways［J］. Foods, 2023, 12（7）：1490.
［71］ Chen H, Zhao M, Lin L, et al. Identification of antioxidative peptides from defatted walnut meal hydrolysate with potential for improving learning and memory［J］. Food Research International, 2015, 78：216-223.
［72］ Yang J, Fang L, Lu H, et al. Walnut-derived peptide enhances mitophagy via JNK-mediated PINK1 activation to reduce oxidative stress in HT-22 cells［J］. Journal of Agricultural and Food Chemistry, 2022, 70（8）：2630-2642.
［73］ Zhou S, Huang G. Extraction, purification and antioxidant activity of Juglans regia shell

polysaccharide [J]. Chemical and Biological Technologies in Agriculture, 2023, 10 (1): 75.

[74] 王纪辉，耿阳阳，胡伯凯，等. 核桃分心木多酚物质响应及组成与抗氧化能力探究 [J]. 西南大学学报（自然科学版），2023，45（8）：83-94.

[75] Garaschuk O. The role of NLRP3 inflammasome for microglial response to peripheral inflammation [J]. Neural regeneration research, 2021, 16 (2): 294-295.

[76] Cofán M, Rajaram S, Sala-Vila A, et al. Effects of 2-year walnut-supplemented diet on inflammatory biomarkers [J]. Journal of the American College of Cardiology, 2020, 76 (19): 2282-2284.

[77] Mateș L, Popa D S, Rusu M E, et al. Walnut intake interventions targeting biomarkers of metabolic syndrome and inflammation in middle-aged and older adults: A systematic review and meta-analysis of randomized controlled trials [J]. Antioxidants, 2022, 11 (7): 1412.

[78] Carey A N, Fisher D R, Joseph J A, et al. The ability of walnut extract and fatty acids to protect against the deleterious effects of oxidative stress and inflammation in hippocampal cells [J]. Nutritional neuroscience, 2013, 16 (1): 13-20.

[79] Fisher D, Cahoon D, Shukitt-Hale B. Walnut Oil and Blueberry Treatments Have Beneficial Individual but Not Synergistic Effects on Neuroinflammation *In Vitro* [J]. Current Developments in Nutrition, 2021, 5: 904.

[80] Qi Y, Wang X, Zhang Y, et al. Walnut-Derived Peptide Improves Cognitive Impairment in Colitis Mice Induced by Dextran Sodium Sulfate via the Microbiota–Gut–Brain Axis (MGBA) [J]. Journal of Agricultural and Food Chemistry, 2023, 71 (49): 19501-19515.

[81] Zhao F, Bordoni L, Min W, et al. Insights into the Hippocampus Proteomics Reveal Epigenetic Properties of Walnut-Derived Peptides in a Low-Grade Neuroinflammation Model [J]. Journal of Agricultural and Food Chemistry, 2023, 71 (21): 8252-8263.

[82] Xia W, Gao Y, Fang X, et al. Simulated gastrointestinal digestion of walnut protein yields anti-inflammatory peptides [J]. Food Chemistry, 2024: 138646.

[83] 弘子姗. 核桃源抗炎肽的制备及其抗溃疡性结肠炎机制研究 [D]. 昆明：云南农业大学，2023.

[84] 李言言，毛玺雯，刘珂妤，等. 阿尔茨海默病关键蛋白β-淀粉样蛋白的聚集机理 [J]. 科学通报，2024，69（7）：903-911.

[85] Chauhan A, Chauhan V. Beneficial effects of walnuts on cognition and brain health [J]. Nutrients, 2020, 12 (2): 550.

[86] Esselun C, Dieter F, Sus N, et al. Walnut oil reduces Aβ levels and increases neurite length in a cellular model of early Alzheimer disease [J]. Nutrients, 2022, 14 (9): 1694.

[87] Wang M, Amakye W K, Guo L, et al. Walnut - derived peptide PW5 ameliorates cognitive

impairments and alters gut microbiota in APP/PS1 transgenic mice［J］. Molecular nutrition & food research, 2019, 63（18）：1900326.
［88］Xu X, Ding Y, Liu M, et al. Neuroprotective mechanisms of defatted walnut powder against scopolamine-induced Alzheimer's disease in mice revealed through metabolomics and proteomics analyses［J］. Journal of Ethnopharmacology, 2024, 319：117107.
［89］Kincheski G C, Valentim I S, Clarke J R, et al. Chronic sleep restriction promotes brain inflammation and synapse loss, and potentiates memory impairment induced by amyloid-β oligomers in mice［J］. Brain, behavior, and immunity, 2017, 64：140-151.
［90］Wang M, Amakye WK, Guo L, et al. Walnut-Derived Peptide PW5 Ameliorates Cognitive Impairments and Alters Gut Microbiota in APP/PS1 Transgenic Mice［J］. Mol Nutr Food Res. 2019, 63（18）：e1900326.
［91］Leal G, Comprido D, Duarte C B. BDNF-induced local protein synthesis and synaptic plasticity［J］. Neuropharmacology, 2014, 76：639-656.
［92］Xing Y, Shi H, Gao X, et al. Walnut-Derived Peptides Alleviate Learning and Memory Impairments in a Mice Model Via Inhibition of Microglia Phagocytose Synapses［J］. Journal of Agricultural and Food Chemistry, 2024, 72：13654-13667.
［93］Li Y, Dang Q, Shen Y, et al. Therapeutic effects of a walnut-derived peptide on NLRP3 inflammasome activation, synaptic plasticity, and cognitive dysfunction in T2DM mice［J］. Food & Function, 2024, 15（4）：2295-2313.
［94］Xu D, Zhao M. Walnut protein hydrolysates ameliorate alcohol-induced cognitive impairment（AICI）by alleviating oxidative stress and inflammation in the brain and improving hippocampal synaptic plasticity in Sprague–Dawley rats［J］. Food & Function, 2022, 13（22）：11615-11626.
［95］Zheng J Y, Kang T, Jiang C, et al. Gut microbiome and brain transcriptome analyses reveal the effect of walnut oil in preventing scopolamine-induced cognitive impairment［J］. Food & Function, 2023, 14（21）：9707-9724.
［96］尤佳伟，孙亚凤，夏君霞，等. 基于BDNF/TrkB/CREB信号通路探讨核桃油对东莨菪碱导致认知障碍大鼠的保护作用［J/OL］. 食品与发酵工业：1-9［2024-04-15］.
［97］Feng J, Zheng Y, Guo M, et al. Oxidative stress, the blood–brain barrier and neurodegenerative diseases: The critical beneficial role of dietary antioxidants［J］. Acta Pharmaceutica Sinica B, 2023, 13（10）：3988-4024.
［98］Sánchez-Dengra B, González-Álvarez I, Bermejo M, et al. Access to the CNS: Strategies to overcome the BBB［J］. International Journal of Pharmaceutics, 2023, 636：122759.
［99］Muszyński P, Kulczyńska-Przybik A, Borawska R, et al. The relationship between markers of inflammation and degeneration in the central nervous system and the blood-

brain barrier impairment in Alzheimer’s disease [J]. Journal of Alzheimer's Disease, 2017, 59 (3): 903-912.

[100] Dang Q, Wu D, Li Y, et al. Walnut-derived peptides ameliorate *d*-galactose-induced memory impairments in a mouse model via inhibition of MMP-9-mediated blood–brain barrier disruption [J]. Food Research International, 2022, 162: 112029.

[101] Sheng J, Yang X, Liu Q, et al. Coadministration with tea polyphenols enhances the neuroprotective effect of defatted walnut meal hydrolysate against scopolamine-induced learning and memory deficits in mice [J]. Journal of agricultural and food chemistry, 2019, 68 (3): 751-758.

[102] Kim J M, Lee U, Kang J Y, et al. Anti-amnesic effect of walnut via the regulation of BBB function and neuro-inflammation in $A\beta_{1-42}$-induced mice [J]. Antioxidants, 2020, 9 (10): 976.

[103] Zimmermann A, Madeo F, Diwan A, et al. Metabolic control of mitophagy [J]. European journal of clinical investigation, 2024, 54 (4): e14138.

[104] Uoselis L, Nguyen T N, Lazarou M. Mitochondrial degradation: Mitophagy and beyond [J]. Molecular cell, 2023, 83(19): 3404-3420.

[105] Poulose S M, Bielinski D F, Shukitt-Hale B. Walnut diet reduces accumulation of polyubiquitinated proteins and inflammation in the brain of aged rats [J]. The Journal of nutritional biochemistry, 2013, 24 (5): 912-919.

[106] Zhao F, Wang J, Lu H, et al. Neuroprotection by walnut-derived peptides through autophagy promotion via Akt/mTOR signaling pathway against oxidative stress in PC12 cells [J]. Journal of agricultural and food chemistry, 2020, 68 (11): 3638-3648.

[107] Ma S, Huang D, Zhai M, et al. Isolation of a novel bio-peptide from walnut residual protein inducing apoptosis and autophagy on cancer cells [J]. BMC Complementary and Alternative Medicine, 2015, 15: 1-14.

[108] Hou W, Zhao F, Fang L, et al. Walnut-derived peptides promote autophagy via the activation of AMPK/mTOR/ULK1 pathway to ameliorate hyperglycemia in type 2 diabetic mice [J]. Journal of Agricultural and Food Chemistry, 2023, 71 (8): 3751-3765.

[109] Zhao F, Liu C, Fang L, et al. Walnut-derived peptide activates PINK1 via the NRF2/KEAP1/HO-1 pathway, promotes mitophagy, and alleviates learning and memory impairments in a mice model [J]. Journal of Agricultural and Food Chemistry, 2021, 69 (9): 2758-2772.

[110] Schliebs R, Arendt T. The cholinergic system in aging and neuronal degeneration [J]. Behavioural brain research, 2011, 221 (2): 555-563.

[111] Cintesun S, Ozman Z, Kocyigit A, et al. Effects of walnut (*Juglans regia* L.)

kernel extract and juglone on dopamine levels and oxidative stress in rats [J]. Food Bioscience, 2023, 51： 102327.

[112] Moon J H, Kim J M, Lee U, et al. Walnut Prevents Cognitive Impairment by Regulating the Synaptic and Mitochondrial Dysfunction via JNK Signaling and Apoptosis Pathway in High-Fat Diet-Induced C57BL/6 Mice [J]. Molecules, 2022, 27 (16)： 5316.

[113] Ren D, Zhao F, Liu C, et al. Antioxidant hydrolyzed peptides from Manchurian walnut (*Juglans mandshurica* Maxim.) attenuate scopolamine - induced memory impairment in mice [J]. Journal of the Science of Food and Agriculture, 2018, 98 (13)： 5142-5152.

[114] Wang S, Su G, Fan J, et al. Arginine-containing peptides derived from walnut protein against cognitive and memory impairment in scopolamine-induced zebrafish: design, release, and neuroprotection [J]. Journal of Agricultural and Food Chemistry, 2022, 70 (37)： 11579-11590.

[115] Wang S, Su G, Zhang X, et al. Characterization and exploration of potential neuroprotective peptides in walnut (*Juglans regia*) protein hydrolysate against cholinergic system damage and oxidative stress in scopolamine-induced cognitive and memory impairment mice and zebrafish [J]. Journal of agricultural and food chemistry, 2021, 69 (9)： 2773-2783.

[116] Fu J, Song W, Song X, et al. Synergistic Effect of Combined Walnut Peptide and Ginseng Extracts on Memory Improvement in C57BL/6 Mice and Potential Mechanism Exploration [J]. Foods, 2023, 12(12): 2329.

[117] Wang L M, Yi Y, Yao Y L, et al. Walnut oil improves spatial memory in rats and increases the expression of acid - sensing ion channel genes Asic2a and Asic4 [J]. Food Science & Nutrition 7, 2019, 7(1): 293-301.

[118] Doghramji K. The epidemiology and diagnosis of insomnia [J]. American Journal of Managed Care, 2006, 12 (8)： S214.

[119] Hall S J, Ferguson S A, Turner A I, et al. The effect of working on-call on stress physiology and sleep: A systematic review [J]. Sleep medicine reviews, 2017, 33： 79-87.

[120] Smith C, Gisquet-Verrier P. Paradoxical sleep deprivation and sleep recording following training in a brightness discrimination avoidance task in Sprague–Dawley rats: paradoxical effects [J]. Neurobiology of learning and memory, 1996, 66 (3)： 283-294.

[121] Graves L A, Heller E A, Pack A I, et al. Sleep deprivation selectively impairs memory consolidation for contextual fear conditioning [J]. Learning & memory, 2003, 10 (3)： 168-176.

[122] Domínguez–Salazar E, Hurtado - Alvarado G, Medina - Flores F, et al. Chronic sleep

loss disrupts blood–testis and blood–epididymis barriers, and reduces male fertility [J]. Journal of Sleep Research, 2020, 29（3）：e12907.

[123] Alzoubi K H, Khabour O F, Albawaana A S, et al. Tempol prevents chronic sleep-deprivation induced memory impairment [J]. Brain research bulletin, 2016, 120：144-150.

[124] Alzoubi K H, Malkawi B S, Khabour O F, et al. *Arbutus andrachne* L. reverses sleep deprivation-induced memory impairments in rats [J]. Molecular Neurobiology, 2018, 55：1150-1156.

[125] Jangra A, Sriram C S, Dwivedi S, et al. Sodium phenylbutyrate and edaravone abrogate chronic restraint stress-induced behavioral deficits: implication of oxido-nitrosative, endoplasmic reticulum stress cascade, and neuroinflammation [J]. Cellular and molecular neurobiology, 2017, 37：65-81.

[126] Lu C, Wang Y, Lv J, et al. Ginsenoside Rh2 reverses sleep deprivation-induced cognitive deficit in mice [J]. Behavioural Brain Research, 2018, 349：109-115.

[127] Yeh A L, Chao C L, Huang W F, et al. Walnut（*Juglans regia* L.）oligopeptide effects on enhancing memory, cognition and improving sleep quality in teenagers and elderly people in a randomized double-blind controlled trial [J]. Natural product communications, 2022, 17（3）：1934578X221089065.

[128] Mehta A, Prabhakar M, Kumar P, et al. Excitotoxicity: bridge to various triggers in neurodegenerative disorders [J]. European journal of pharmacology, 2013, 698（1-3）：6-18

[129] Kim E J, Jung I H, Van Le T K, et al. Ginsenosides Rg5 and Rh3 protect scopolamine-induced memory deficits in mice [J]. Journal of ethnopharmacology, 2013, 146（1）：294-299.

[130] Wang S, Su G, Zhang Q, et al. Walnut（*Juglans regia*）peptides reverse sleep deprivation-induced memory impairment in rat via alleviating oxidative stress [J]. Journal of agricultural and food chemistry, 2018, 66（40）：10617-10627

[131] Zhang Z, Shang Y, Li S, et al. Molecular docking revealed the potential anti-oxiutive stress mechanism of the walnut polypeptide on HT22 cells [J]. Foods, 2023, 12（7）：1554.

[132] Li H L, Zhang S Y, Ren Y S, et al. Identification of ellagic acid and urolithins as natural inhibitors of $A\beta_{25-35}$-induced neurotoxicity and the mechanism predication using network pharmacology analysis and molecular docking [J]. Frontiers in Nutrition, 2022, 9：966276.

[133] Muthaiyah B, Essa M M, Chauhan V, et al. Protective effects of walnut extract against amyloid beta peptide-induced cell death and oxidative stress in PC12 cells [J]. Neurochemical research, 2011, 36：2096-2103.

［134］ Choi J G, Park G, Kim H G, et al. *In vitro* and *in vivo* neuroprotective effects of walnut（*Juglandis semen*）in models of Parkinson's disease［J］. International Journal of Molecular Sciences, 2016, 17（1）：108.

［135］ Kamoun A, Yahia A, Farjallah M A, et al. Concurrent training associated with moderate walnut consumption improved iskinetic strength, subjective sleep quality, cognitive performance and postural balance in elderly active men: a randomized controlled trial［J］. Aging Clinical and Experimental Research, 2024, 36(1): 50.

［136］ Pappolla M A, Chyan Y J, Poeggeler B, et al. An assessment of the antioxidant and the antiamyloidogenic properties of melatonin: implications for Alzheimer's disease［J］. Journal of neural transmission, 2000, 107：203-231.

［137］ El-Sherif Y, Hogan M V, Tesoriero J, et al. Factors regulating the influence of melatonin on hippocampal evoked potentials: comparative studies on different strains of mice［J］. Brain research, 2002, 945（2）：191-201.

［138］ Kondoh T, Uneyama H, Nishino H, et al. Melatonin reduces cerebral edema formation caused by transient forebrain ischemia in rats［J］. Life sciences, 2002, 72（4-5）：583-590.

［139］ 刘芳娥，刘利兵，化前珍，等．褪黑素对睡眠剥夺大鼠记忆的影响［J］．中国心理卫生杂志，2006（3）：147-149.

［140］ Reiter R J, Manchester L C, Tan D. Melatonin in walnuts: influence on levels of melatonin and total antioxidant capacity of blood［J］. Nutrition, 2005, 21（9）：920-924.

［141］ Hicyilmaz H, Vural H, Delibas N, et al. The effects of walnut supplementation on hippocampal NMDA receptor subunits NR2A and NR2B of rats［J］. Nutritional neuroscience, 2017, 20（3）：203-208.

［142］ 王帅，李汉洋，戴涟漪，等．核桃改善小鼠睡眠功能及其作用机制研究［J］．营养学报，2017，39（02）：189-193.

［143］ Ji J, Ye Y, Sheng L, et al. Sleep Promotion by 3-Hydroxy-4-Iminobutyric Acid in Walnut Diaphragma juglandis Fructus［J］. Research, 2023, 6: 216.

［144］ 张飞燕，李晶晶，周莹，等．安神类中药及其有效成分对神经递质镇静催眠机制的研究进展［J］．中国中药杂志，2016，41（23）：4320-4327.

［145］ 赵焕新，景援朝，白虹，等．分心木中的化学成分及抗氧化活性研究［J］．中国实验方剂学杂志，2016，22（7）：54-57.

［146］ 张天睿，杨爱玲，张天艺，等．分心木镇静催眠作用探究［J］．中国药事，2017，31（8）：960-964.

［147］ 洪茜茜．核桃分心木抗氧化和镇静催眠活性成分分离鉴定及机制研究［D］．无锡：江南大学，2021.

[148] Santomauro D F, Herrera A M M, Shadid J, et al. Global prevalence and burden of depressive and anxiety disorders in 204 countries and territories in 2020 due to the COVID-19 pandemic [J]. The Lancet, 2021, 398 (10312): 1700-1712.

[149] Pribis P. Effects of walnut consumption on mood in young adults—a randomized controlled trial [J]. Nutrients, 2016, 8 (11): 668.

[150] Julvez J, Gignac F, Fernández-Barrés S, et al. Walnuts, long-chain polyunsaturated fatty acids, and adolescent brain development: protocol for the walnuts smart snack dietary intervention trial [J]. Frontiers in Pediatrics, 2021, 9: 593847.

[151] Bauduin S, Van Noorden M, Van der Werff S, et al. Diurnal salivary alpha-amylase and not cortisol differentiates major depressive disorder in out-patients [J]. European Neuropsychopharmacology, 2018, 28: 71-72.

[152] Arab L, Guo R, Elashoff D. Lower depression scores among walnut consumers in NHANES [J]. Nutrients, 2019, 11 (2): 275.

[153] Fernández-Rodríguez R, Jiménez-López E, Garrido-Miguel M, et al. Does the evidence support a relationship between higher levels of nut consumption, lower risk of depression, and better mood state in the general population? A systematic review [J]. Nutrition Reviews, 2022, 80 (10): 2076-2088.

[154] Sánchez-Villegas A, Martínez-González M A, Estruch R, et al. Mediterranean dietary pattern and depression: the PREDIMED randomized trial [J]. BMC medicine, 2013, 11: 1-12.

[155] Ferrari F, Villa R F. The neurobiology of depression: an integrated overview from biological theories to clinical evidence [J]. Molecular neurobiology, 2017, 54 (7): 4847-4865.

[156] Su K P, Matsuoka Y, Pae C U. Omega-3 polyunsaturated fatty acids in prevention of mood and anxiety disorders [J]. Clinical Psychopharmacology and Neuroscience, 2015, 13 (2): 129.

[157] Wilson P B, Madrigal L A. Associations among omega-3 fatty acid status, anxiety, and mental toughness in female collegiate athletes [J]. Journal of the American College of Nutrition, 2017, 36 (8): 602-607.

[158] Li W, Zhao T, Zhang J, et al. Effect of walnut protein hydrolysate on scopolamine-induced learning and memory deficits in mice [J]. Journal of food science and technology, 2017, 54: 3102-3110.

[159] First M B. Diagnostic and statistical manual of mental disorders, and clinical utility [J]. The Journal of nervous and mental disease, 2013, 201 (9): 727-729.

[160] Fetit R, Hillary R F, Price D J, et al. The neuropathology of autism: A systematic review of

post-mortem studies of autism and related disorders [J]. Neuroscience & Biobehavioral Reviews, 2021, 129: 35-62.

[161] Constantino J N, Abbacchi A M, Saulnier C, et al. Timing of the diagnosis of autism in African American children [J]. Pediatrics, 2020, 146 (3).

[162] Pickles A, McCauley J B, Pepa L A, et al. The adult outcome of children referred for autism: typology and prediction from childhood [J]. Journal of Child Psychology and Psychiatry, 2020, 61 (7): 760-767.

[163] Adams J B, Audhya T, McDonough-Means S, et al. Nutritional and metabolic status of children with autism vs. neurotypical children, and the association with autism severity [J]. Nutrition & metabolism, 2011, 8: 1-32

[164] Horder J, Petrinovic M M, Mendez M A, et al. Glutamate and GABA in autism spectrum disorder—a translational magnetic resonance spectroscopy study in man and rodent models [J]. Translational psychiatry, 2018, 8 (1): 106.

[165] Carpita B, Nardi B, Palego L, et al. Kynurenine pathway and autism spectrum phenotypes: an investigation among adults with autism spectrum disorder and their first-degree relatives [J]. CNS spectrums, 2023, 28 (3): 374-385.

[166] Krakowiak P, Goines P E, Tancredi D J, et al. Neonatal cytokine profiles associated with autism spectrum disorder [J]. Biological psychiatry, 2017, 81 (5): 442-451.

[167] Sidenkova A. Mitochondrial disorders and ASD. Mechanisms of mitochondrial dysfunction in ASD [J]. European Psychiatry, 2023, 66 (S1): 100-101.

[168] Marangoni F, Colombo C, Martiello A, et al. Levels of the *n*-3 fatty acid eicosapentaenoic acid in addition to those of alpha linolenic acid are significantly raised in blood lipids by the intake of four walnuts a day in humans [J]. Nutrition, Metabolism and Cardiovascular Diseases, 2007, 17 (6): 457-461.

[169] Ren J, Chung S H. Anti-inflammatory effect of α-linolenic acid and its mode of action through the inhibition of nitric oxide production and inducible nitric oxide synthase gene expression via NF-κB and mitogen-activated protein kinase pathways [J]. Journal of agricultural and food chemistry, 2007, 55 (13): 5073-5080.

[170] Yang D J, Liu S C, Chen Y C, et al. Three pathways assess anti - inflammatory response of epicatechin with lipopolysaccharide - mediated macrophage RAW 264.7 Cells [J]. Journal of Food Biochemistry, 2015, 39 (3): 334-343.

[171] Wang S, Zheng L, Zhao T, et al. Inhibitory effects of walnut (*Juglans regia*) peptides on neuroinflammation and oxidative stress in lipopolysaccharide-induced cognitive impairment mice [J]. Journal of agricultural and food chemistry, 2020, 68 (8): 2381-2392.

[172] Murase T, Misawa K, Minegishi Y, et al. Coffee polyphenols suppress diet-induced body fat accumulation by downregulating SREBP-1c and related molecules in C57BL/6J mice [J]. American Journal of Physiology-Endocrinology and Metabolism, 2011, 300 (1): 122-133.

[173] Bamberger C, Rossmeier A, Lechner K, et al. A walnut-enriched diet affects gut microbiome in healthy caucasian subjects: a randomized, controlled trial [J]. Nutrients, 2018, 10 (2): 244.

[174] Byerley L O, Samuelson D, Blanchard IV E, et al. Changes in the gut microbial communities following addition of walnuts to the diet [J]. The Journal of nutritional biochemistry, 2017, 48: 94-102.

[175] Zhi T, Hong D, Zhang Z, et al. Anti-inflammatory and gut microbiota regulatory effects of walnut protein derived peptide LPF in vivo [J]. Food Research International, 2022, 152: 110875.

[176] Miao F, Shan C, Shah S A H, et al. Effect of walnut (*Juglans sigillata*) oil on intestinal antioxidant, anti - inflammatory, immunity, and gut microbiota modulation in mice [J]. Journal of Food Biochemistry, 2021, 45 (1): e13567.

[177] Tan B, Wang Y, Zhang X, et al. Recent studies on protective effects of walnuts against neuroinflammation [J]. Nutrients, 2022, 14 (20): 4360.

[178] Penninx B W J H , Pine D S , Holmes E A , et al. Anxiety disorders [J]. The Lancet, 2021 (10277): 397.

[179] Global Burden of Disease Cancer Collaboration. Global, regional, and national cancer incidence, mortality, years of life lost, years lived with disability, and disability-adjusted life-years for 29 cancer groups, 1990 to 2016: a systematic analysis for the global burden of disease study [J]. JAMA oncology, 2018: 1553-1568.

[180] Moran T P. Anxiety and working memory capacity: A meta-analysis and narrative review [J]. Psychological bulletin, 2016, 142 (8): 831.

[181] Pessoa L. Précis on the cognitive-emotional brain [J]. Behavioral and Brain Sciences, 2015, 38: 71.

[182] Fu J, Song W, Song X, et al. Synergistic effect of combined walnut peptide and ginseng extracts on memory improvement in C57BL/6 Mice and Potential Mechanism Exploration [J]. Foods, 2023, 12 (12): 2329.

[183] Zhao B, Jia X, Feng H, et al. Nutrient combinations exhibit universal antianxiety, antioxidant, neuro-protecting, and memory-improving activities [J]. Frontiers in Nutrition, 2023, 9: 996692.

[184] Ortiz-López L, Vega-Rivera N M, Babu H, et al. Brain-derived neurotrophic factor

induces cell survival and the migration of murine adult hippocampal precursor cells during differentiation *in vitro* [J]. Neurotoxicity research, 2017, 31: 122-135.

[185] Lafortune L, Brayne C. Dementia prevention—a call for contextualized evidence [J]. Nature reviews Neurology, 2017, 13 (10): 579-580.

[186] Ritchie K, Carrière I, Ritchie C W, et al. Designing prevention programmes to reduce incidence of dementia: prospective cohort study of modifiable risk factors [J]. Bmj, 2010, 341.

[187] Valenzuela M J, Sachdev P. Brain reserve and dementia: a systematic review [J]. Psychological medicine, 2006, 36 (4): 441-454.

[188] Finegold J A, Asaria P, Francis D P. Mortality from ischaemic heart disease by country, region, and age: statistics from World Health Organisation and United Nations [J]. International journal of cardiology, 2013, 168 (2): 934-945.

[189] Dahlöf B. Cardiovascular disease risk factors: epidemiology and risk assessment [J]. The American journal of cardiology, 2010, 105 (1): 3-9.

[190] Dehghan M, Mente A, Zhang X, et al. Associations of fats and carbohydrate intake with cardiovascular disease and mortality in 18 countries from five continents (PURE): a prospective cohort study [J]. The Lancet, 2017, 390 (10107): 2050-2062.

[191] Appel L J, Sacks F M, Carey V J, et al. Effects of protein, monounsaturated fat, and carbohydrate intake on blood pressure and serum lipids: results of the OmniHeart randomized trial [J]. Jama, 2005, 294 (19): 2455-2464.

[192] de Souza R J, Dehghan M, Mente A, et al. Association of nut intake with risk factors, cardiovascular disease, and mortality in 16 countries from 5 continents: analysis from the Prospective Urban and Rural Epidemiology (PURE) study [J]. The American journal of clinical nutrition, 2020, 112 (1): 208-219.

[193] Glenn A J, Aune D, Freisling H, et al. Nuts and cardiovascular disease outcomes: A review of the evidence and future directions [J]. Nutrients, 2023, 15 (4): 911.

[194] Banel D K, Hu F B. Effects of walnut consumption on blood lipids and other cardiovascular risk factors: a meta-analysis and systematic review [J]. The American journal of clinical nutrition, 2009, 90 (1): 56-63.

[195] Li L, Tsao R, Yang R, et al. Fatty acid profiles, tocopherol contents, and antioxidant activities of heartnut (*Juglans ailanthifolia* var. *cordiformis*) and Persian walnut (*Juglans regia* L.) [J]. Journal of agricultural and food chemistry, 2007, 55 (4): 1164-1169.

[196] Kavuncuoglu H, Kavuncuoglu E, Karatas S M, et al. Prediction of the antimicrobial activity of walnut (*Juglans regia* L.) kernel aqueous extracts using artificial neural network and multiple linear regression [J]. Journal of microbiological methods, 2018,

148：78-86.

[197] Feldman E B. The scientific evidence for a beneficial health relationship between walnuts and coronary heart disease [J]. The Journal of nutrition, 2002, 132 (5): 1062-1101.

[198] Guasch-Ferré M, Li J, Hu F B, et al. Effects of walnut consumption on blood lipids and other cardiovascular risk factors: an updaed meta-analysis and systematic review of controlled trials [J]. The American journal of clinical nutrition, 2018, 108 (1): 174-187.

[199] Sánchez-González C, Ciudad C J, Noe V, et al. Health benefits of walnut polyphenols: an exploration beyond their lipid profile [J]. Critical reviews in food science and nutrition, 2017, 57 (16): 3373-3383.

[200] Ni Z J, Zhang Y G, Chen S X, et al. Exploration of walnut components and their association with health effects [J]. Critical Reviews in Food Science and Nutrition, 2022, 62 (19): 5113-5129.

[201] Zibaeenezhad M J, Farhadi P, Attar A, et al. Effects of walnut oil on lipid profiles in hyperlipidemic type 2 diabetic patients: a randomized, double-blind, placebo-controlled trial [J]. Nutrition & diabetes, 2017, 7 (4): 259.

[202] Naghshi S, Aune D, Beyene J, et al. Dietary intake and biomarkers of alpha linolenic acid and risk of all cause, cardiovascular, and cancer mortality: systematic review and dose-response meta-analysis of cohort studies [J]. BMJ, 2021, 375.

[203] Wu L, Piotrowski K, Rau T, et al. Walnut-enriched diet reduces fasting non-HDL-cholesterol and apolipoprotein B in healthy Caucasian subjects: a randomized controlled cross-over clinical trial [J]. Metabolism, 2014, 63 (3): 382-391.

[204] Anand S S, Hawkes C, De Souza R J, et al. Food consumption and its impact on cardiovascular disease: importance of solutions focused on the globalized food system: a report from the workshop convened by the World Heart Federation [J]. Journal of the American College of Cardiology, 2015, 66 (14): 1590-1614.

[205] Liu X, Guasch - Ferré M, Drouin - Chartier J P, et al. Changes in nut consumption and subsequent cardiovascular disease risk among US men and women: 3 large prospective cohort studies [J]. Journal of the American Heart Association, 2020, 9 (7): 013877.

[206] Ginsberg H N, Zhang Y L, Hernandez-Ono A. Metabolic syndrome: focus on dyslipidemia [J]. Obesity, 2006, 14 (2S): 41S.

[207] Cupino A, Fraser G, Knutsen S, et al. Are total omega-3 and omega-6 polyunsaturated fatty acids predictors of fatal stroke in the Adventist Health Study 2 prospective cohort? [J]. Plos one, 2022, 17 (9): 0274109.

[208] Baum S J, Kris-Etherton P M, Willett W C, et al. Fatty acids in cardiovascular health and

disease: a comprehensive update［J］. Journal of clinical lipidology, 2012, 6（3）：216-234.

［209］Sabate J, Fraser G E, Burke K, et al. Effects of walnuts on serum lipid levels and blood pressure in normal men［J］. New England Journal of Medicine, 1993, 328（9）：603-607.

［210］Del Gobbo L C, Falk M C, Feldman R, et al. Effects of tree nuts on blood lipids, apolipoproteins, and blood pressure: systematic review, meta-analysis, and dose-response of 61 controlled intervention trials［J］. The American journal of clinical nutrition, 2015, 102（6）：1347-1356.

［211］Alshahrani S M, Mashat R M, Almutairi D, et al. The effect of walnut intake on lipids: A systematic review and meta-analysis of randomized controlled trials［J］. Nutrients, 2022, 14（21）：4460.

［212］Rock C L, Flatt S W, Barkai H S, et al. Walnut consumption in a weight reduction intervention: effects on body weight, biological measures, blood pressure and satiety［J］. Nutrition journal, 2017, 16：1-10.

［213］Rojas Rueda D. Global Burden of Hypertension and Systolic Blood Pressure of at Least 110 to 115 mmHg, 1990—2015［J］. JAMA, 2017, 317(2): 165-182.

［214］Egan B M, Kjeldsen S E, Grassi G, et al. The global burden of hypertension exceeds 1.4 billion people: should a systolic blood pressure target below 130 become the universal standard?［J］. Journal of hypertension, 2019, 37（6）：1148-1153.

［215］Grosso G, Stepaniak U, Micek A, et al. Dietary polyphenol intake and risk of hypertension in the Polish arm of the HAPIEE study［J］. European Journal of Nutrition, 2018, 57：1535-1544.

［216］Li J, Jiang B, O Santos H, et al. Effects of walnut intake on blood pressure: A systematic review and meta - analysis of randomized controlled trials［J］. Phytotherapy Research, 2020, 34（11）：2921-2931.

［217］Jackson S L, Cogswell M E, Zhao L, et al. Association between urinary sodium and potassium excretion and blood pressure among adults in the United States: National Health and Nutrition Examination Survey, 2014［J］. Circulation, 2018, 137（3）：237-246.

［218］Spiller G A, Miller A, Olivera K, et al. Effects of plant-based diets high in raw or roasted almonds, or roasted almond butter on serum lipoproteins in humans［J］. Journal of the American College of Nutrition, 2003, 22（3）：195-200.

［219］Tey S L, Robinson T, Gray A R, et al. Do dry roasting, lightly salting nuts affect their cardioprotective properties and acceptability?［J］. European journal of nutrition, 2017, 56：1025-1036.

［220］ Jones J B, Provost M, Keaver L, et al. A randomized trial on the effects of flavorings on the health benefits of daily peanut consumption［J］. The American journal of clinical nutrition, 2014, 99（3）：490-496.

［221］ Tindall A M, Petersen K S, Skulas - Ray A C, et al. Replacing saturated fat with walnuts or vegetable oils improves central blood pressure and serum lipids in adults at risk for cardiovascular disease: a randomized controlled - feeding trial［J］. Journal of the American Heart Association, 2019, 8（9）：011512.

［222］ Reriani M K, Lerman L O, Lerman A. Endothelial function as a functional expression of cardiovascular risk factors［J］. Biomarkers in medicine, 2010, 4（3）：351-360.

［223］ Cortés B, Núñez I, Cofán M, et al. Acute effects of high-fat meals enriched with walnuts or olive oil on postprandial endothelial function［J］. Journal of the American College of Cardiology, 2006, 48（8）：1666-1671.

［224］ Ros E, Núñez I, Pérez-Heras A, et al. A walnut diet improves endothelial function in hypercholesterolemic subjects: a randomized crossover trial［J］. Circulation, 2004, 109（13）：1609-1614.

［225］ Xiao Y, Huang W, Peng C, et al. Effect of nut consumption on vascular endothelial function: A systematic review and meta-analysis of randomized controlled trials［J］. Clinical nutrition, 2018, 37（3）：831-839.

［226］ Sala-Vila A, Romero-Mamani E S, Gilabert R, et al. Changes in ultrasound-assessed carotid intima-media thickness and plaque with a Mediterranean diet: a substudy of the PREDIMED trial［J］. Arteriosclerosis, thrombosis, and vascular biology, 2014, 34（2）：439-445.

［227］ Dai X, Zhang B, Wang P, et al. Erythrocyte membrane n-3 fatty acid levels and carotid atherosclerosis in Chinese men and women［J］. Atherosclerosis, 2014, 232（1）：79-85.

［228］ Hwang H J, Liu Y, Kim H S, et al. daily walnut intake improves metabolic syndrome status and increases circulating adiponectin levels: randomized controlled crossover trial［J］. Nutrition research and practice, 2019, 13（2）：105.

［229］ Lozano A, Perez-Martinez P, Marin C, et al. An acute intake of a walnut-enriched meal improves postprandial adiponectin response in healthy young adults［J］. Nutrition research, 2013, 33（12）：1012-1018.

［230］ Yi S Y, Steffen L M, Zhou X, et al. Association of nut consumption with CVD risk factors in young to middle-aged adults: The Coronary Artery Risk Development in Young Adults（CARDIA）study［J］. Nutrition, Metabolism and Cardiovascular Diseases, 2022, 32（10）：2321-2329.

［231］ Lázaro I, Bobi J, Cofán M, et al. Walnut inclusion in a palm oil-based atherogenic diet promotes traits predicting stable atheroma plaque in Apoe-deficient mice [J]. Frontiers in Nutrition, 2023, 10: 1079407.

[232] Palabıyık E, Sulumer A N, Uguz H, et al. Assessment of hypolipidemic and anti - inflammatory properties of walnut (*Juglans regia*) seed coat extract and modulates some metabolic enzymes activity in triton WR - 1339 - induced hyperlipidemia in rat kidney, liver, and heart [J]. Journal of Molecular Recognition, 2023, 36 (3): 3004.

[233] Topór-Mądry R. Health Effects of Overweight and Obesity in 195 Countries over 25 Years [J]. New England Journal of Medicine, 2017, 377 (1): 13-27.

[234] Yang L, Guo Z, Qi S, et al. Walnut intake may increase circulating adiponectin and leptin levels but does not improve glycemic biomarkers: A systematic review and meta-analysis of randomized clinical trials [J]. Complementary therapies in medicine, 2020, 52: 102505.

[235] Haddad E H, Gaban-Chong N, Oda K, et al. Effect of a walnut meal on postprandial oxidative stress and antioxidants in healthy individuals [J]. Nutrition journal, 2014, 13: 1-9.

[236] Li L, Wang S, Zhang T, et al. Walnut peptide alleviates obesity, inflammation and dyslipidemia in mice fed a high-fat diet by modulating the intestinal flora and metabolites [J]. Frontiers in Immunology, 2023, 14: 1305656.

[237] Mattes R D, Kris-Etherton P M, Foster G D. Impact of peanuts and tree nuts on body weight and healthy weight loss in adults [J]. The Journal of nutrition, 2008, 138 (9): 1741-1745.

[238] Mattes R D, Dreher M L. Nuts and healthy body weight maintenance mechanisms [J]. Asia Pacific journal of clinical nutrition, 2010, 19 (1): 137-141.

[239] Austel A, Ranke C, Wagner N, et al. Weight loss with a modified Mediterranean-type diet using fat modification: a randomized controlled trial [J]. European journal of clinical nutrition, 2015, 69 (8): 878-884.

[240] Fang Z, Dang M, Zhang W, et al. Effects of walnut intake on anthropometric characteristics: a systematic review and dose-response meta-analysis of randomized controlled trials [J]. Complementary therapies in medicine, 2020, 50: 102395.

[241] de Souza R G M, Gomes A C, de Castro I A, et al. A baru almond–enriched diet reduces abdominal adiposity and improves high-density lipoprotein concentrations: a randomized, placebo-controlled trial [J]. Nutrition, 2018, 55: 154-160.

[242] Flores-Mateo G, Rojas-Rueda D, Basora J, et al. Nut intake and adiposity: meta-analysis of clinical trials [J]. The American journal of clinical nutrition, 2013, 97 (6): 1346-1355.

[243] Bitok E, Rajaram S, Jaceldo-Siegl K, et al. Effects of long-term walnut supplementation on body weight in free-living elderly: results of a randomized controlled trial [J]. Nutrients, 2018, 10 (9): 1317.

［244］ Neale E P, Tapsell L C, Martin A, et al. Impact of providing walnut samples in a lifestyle intervention for weight loss: a secondary analysis of the HealthTrack trial［J］. Food & nutrition research, 2017, 61（1）：1344522.

［245］ Bes - Rastrollo M, Sabaté J, Gómez - Gracia E, et al. Nut consumption and weight gain in a Mediterranean cohort: the SUN study［J］. Obesity, 2007, 15（1）：107-107.

［246］ Mates L, Popa D S, Rusu M E. Fizes, an, I.；Leucut, a, D. Walnut Intake Interventions Targeting Biomarkers of Metabolic Syndrome and Inflammation in Middle-Aged and Older Adults: A Systematic Review and Meta-Analysis of Randomized Controlled Trials. Antioxidants 2022, 11, 1412［J］. Antioxidants in Age-Related Diseases and Anti-Aging Strategies, 2022：239.

［247］ Domènech M, Serra-Mir M, Roth I, et al. Effect of a walnut diet on office and 24-hour ambulatory blood pressure in elderly individuals: findings from the WAHA randomized trial［J］. Hypertension, 2019, 73（5）：1049-1057.

［248］ Cahoon D, Shertukde S P, Avendano E E, et al. Walnut intake, cognitive outcomes and risk factors: a systematic review and meta-analysis［J］. Annals of Medicine, 2021, 53（1）：972-998.

［249］ Liu X, Guasch-Ferré M, Tobias D K, et al. Association of walnut consumption with total and cause-specific mortality and life expectancy in US adults［J］. Nutrients, 2021, 13（8）：2699.

［250］ 黄艳贞，栾军波. 植物萜类化合物提取与检测方法研究进展［J］. 上海农业学报，2014，30（3）：135-141.

［251］ 李克香，张梦雪瑶，刘云，等. 响应面法优化超声波辅助提取云南核桃分心木多酚工艺研究［J］. 食品安全导刊，2023，（36）：120-125+130.

［252］ 刘静，叶朋飞，张春艳，等. 响应面法优化核桃分心木总黄酮提取工艺研究［J］. 农产品加工，2023，（21）：58-62.

［253］ 周煜凡，冯疆涛，白冰瑶. 响应面法优化新疆纸皮核桃分心木中总黄酮提取工艺［J］. 食品工业，2023，44（9）：40-45.

［254］ 路振康，吴庆智，张建，等. 核桃青皮提取物的多酚含量、体外抗氧化和抗菌活性的评价［J］. 食品科学，2023，44（3）：79-87.

［255］ Anjum S, Gani A, Ahmad M, et al. Antioxidant and antiproliferative activity of walnut extract（*Juglans regia* L.）processed by different methods and identification of compounds using GC/MS and LC/MS technique［J］. Journal of Food Processing and Preservation, 2017, 41（1）：12756.

［256］ Jin F, Wang Y, Tang H, et al. Limited hydrolysis of dehulled walnut（*Juglans regia* L.）proteins using trypsin: Functional properties and structural characteristics［J］. Lwt,

2020, 133：110035.

［257］Wang Z, Zhu X, Deuss P J. The effect of ball milling on birch, pine, reed, walnut shell enzymatic hydrolysis recalcitrance and the structure of the isolated residual enzyme lignin［J］. Industrial Crops and Products, 2021, 167：113493.

［258］洪佳伟，王爱琳，肖柳柳，等. 核桃仁原位水解工艺优化及氧化稳定性研究［J/OL］. 中国粮油学报：1-13［2024-02-10］.

［259］胡伯凯，何佳丽，耿阳阳，等. 核桃雄花多肽酶解法制备工艺［J］. 食品研究与开发，2023，44（9）：120-127.

［260］Luo Y, Wu W, Chen D, et al. Optimization of simultaneous microwave/ultrasonic-assisted extraction of phenolic compounds from walnut flour using response surface methodology［J］. Pharmaceutical biology, 2017, 55（1）：1999-2004.

［261］Lv S, Taha A, Hu H, et al. Effects of ultrasonic-assisted extraction on the physicochemical properties of different walnut proteins［J］. Molecules, 2019, 24（23）：4260.

［262］范路好. 超声波辅助酶解对核桃蛋白酶解物抗氧化性的影响研究［D］. 石河子：石河子大学，2023.

［263］汤慧民，李茂兴. 微波辅助提取核桃壳多糖及其抗氧化活性研究［J］. 中国油脂，2018，43（5）：123-126.

［264］张雪春，田智宇，王振兴，等. 核桃青皮多糖微波辅助提取工艺及抗氧化活性研究［J］. 食品与机械，2016，32（7）：146-151.

［265］高磊，李慧芸. 微波辅助提取核桃青皮中多酚的工艺研究［J］. 农产品加工，2017（15）：26-28.

［266］张敏敏，殷振雄，梁俊玉，等. 响应面法优化微波辅助提取核桃渣中蛋白质的工艺［J］. 食品工业，2014，35（5）：4-8

［267］Pandey A. Solid-state fermentation［J］. Biochemical engineering journal, 2003，13（2-3）：81-84.

［268］陈洪章，徐建. 现代固态发酵原理与应用［M］//北京：化学工业出版社，2004：37-39.

［269］Chilakamarry C R, Sakinah A M M, Zularisam A W, et al. Advances in solid-state fermentation for bioconversion of agricultural wastes to value-added products: Opportunities and challenges［J］. Bioresource technology, 2022, 343：126065.

［270］朱言杰. 娄彻氏链霉菌JK1固液发酵条件优化及生防机制初步探究［D］. 扬州：扬州大学，2022.

［271］陈丽君. 核桃饼粕发酵制品的制备及成分分析［D］. 昆明：昆明理工大学，2017.

［272］马慧，梅洁，袁新超，等. 菌酶协同固态发酵核桃谷蛋白制备抑菌肽［J/OL］. 食品工业科技：1-18［2024-02-10］.

［273］王宸轩，吴丹，张素榕，等. 核桃粕固态发酵酱油的制备及抗氧化性分析［J］. 食品与机械，2023，39（5）：182-185+202.

［274］Hayes M, Corbin S, Nunn C, et al. Influence of simulated food and oral processing on carotenoid and chlorophyll *in vitro* bioaccessibility among six spinach genotypes［J］. Food & Function, 2021, 12（15）：7001-7016.

［275］Kamiloglu S, Tomas M, Ozdal T, et al. Effect of food matrix on the content and bioavailability of flavonoids［J］. Trends in Food Science & Technology, 2021, 117：15-33.

［276］Hao J, Xu J, Zhang W, et al. The improvement of the physicochemical properties and bioaccessibility of lutein microparticles by electrostatic complexation［J］. Food Hydrocolloids, 2022, 125：107381.

［277］Shen D, Hu Q, Sun J, et al. Effect of oxidized dextran on the stability of gallic acid-modified chitosan–sodium caseinate nanoparticles［J］. International Journal of Biological Macromolecules, 2021, 192：360-368.

［278］Yao K, McClements D J, Yan C, et al. *In vitro* and *in vivo* study of the enhancement of carotenoid bioavailability in vegetables using excipient nanoemulsions: Impact of lipid content［J］. Food Research International, 2021, 141：110162.

［279］Hu Y, Lin Q, Zhao H, et al. Bioaccessibility and bioavailability of phytochemicals: Influencing factors, improvements, and evaluations［J］. Food Hydrocolloids, 2023, 135：108165.

［280］Lee M K. Liposomes for enhanced bioavailability of water-insoluble drugs: *In vivo* evidence and recent approaches［J］. Pharmaceutics, 2020, 12（3）：264.

［281］戚登斐，张润光，潘建龙，等. 核桃油微胶囊制备及其生理功能评价［J］. 中国油脂，2021，46（01）：24-31+47.

［282］冯艳霞. 核桃粕多肽/鞣花酸协同抗炎活性及其复合纳米颗粒的制备研究［D］. 北京：北京林业大学，2021.

［283］庞志花，郭倩，徐若琳，等. 核桃分离蛋白的制备及其包埋番茄红素的工艺［J］. 食品工业，2019，40（05）：29-33.

［284］Moghaum M, Salami M, Mohammadian M, et al. Walnut protein–curcumin complexes: fabrication, structural characterization, antioxiunt properties, and *in vitro* anticancer activity［J］. Journal of Food Measurement and Characterization, 2020, 14：876-885.

［285］Hu Y, Qiu C, Jin Z, et al. Pickering emulsions with enhanced storage stabilities by using hybrid *β*-cyclodextrin/short linear glucan nanoparticles as stabilizers［J］. Carbohydrate polymers, 2020, 229：115418.

［286］Zhang D, Wang S, Wang M, et al. Stability and bioaccessibility improvement of capsorubin using bovine serum albumin-dextran-gallic acid and sodium alginate [J]. International Journal of Biological Macromolecules, 2021, 182: 1362-1370.

[287] Pan L, Li H, Hou L, et al. Gastrointestinal digestive fate of whey protein isolate coated liposomes loading astaxanthin: Lipolysis, release, and bioaccessibility [J]. Food Bioscience, 2022, 45: 101464.

[288] Li C, Liu D, Huang M, et al. Interfacial engineering strategy to improve the stabilizing effect of curcumin-loaded nanostructured lipid carriers [J]. Food Hydrocolloids, 2022, 127: 107552.

[289] Boutureira O, Bernardes G J L. Advances in chemical protein modification [J]. Chemical reviews, 2015, 115 (5): 2174-2195.

[290] Downs M L, Simpson A, Custovic A, et al. Insoluble and soluble roasted walnut proteins retain antibody reactivity [J]. Food chemistry, 2016, 194: 1013-1021.

[291] Yang X, Sun J, Tao J, et al. The allergenic potential of walnuts treated with high pressure and heat in a mouse model of allergy [J]. Innovative food science & emerging technologies, 2017, 39: 165-170.

[292] Zhao Y, Sun N, Li Y, et al. Effects of electron beam irradiation (EBI) on structure characteristics and thermal properties of walnut protein flour [J]. Food Research International, 2017, 100: 850-857.

[293] Zhu Z, Zhu W, Yi J, et al. Effects of sonication on the physicochemical and functional properties of walnut protein isolate [J]. Food Research International, 2018, 106: 853-861.

[294] Kong X, Zhang L, Lu X, et al. Effect of high-speed shearing treatment on dehulled walnut proteins [J]. Lwt, 2019, 116: 108500.

[295] Ullah S F, Khan N M, Ali F, et al. Effects of Maillard reaction on physicochemical and functional properties of walnut protein isolate [J]. Food Science and Biotechnology, 2019, 28: 1391-1399.

[296] Guan X, Yao H, Chen Z, et al. Some functional properties of oat bran protein concentrate modified by trypsin [J]. Food Chemistry, 2007, 101 (1): 163-170.

[297] Wang X, Chen H, Li S, et al. Physico - chemical properties, antioxiunt activities and antihypertensive effects of walnut protein and its hydrolysate [J]. Journal of the Science of Food and Agriculture, 2016, 96 (7): 2579-2587.

[298] Shi A M, Jiao B, Liu H Z, et al. Effects of proteolysis and transglutaminase crosslinking on physicochemical characteristics of walnut protein isolate [J]. Lwt, 2018, 97: 662-667.

[299] Moghadam M, Salami M, Mohammadian M, et al. Physicochemical and bio-functional properties of walnut proteins as affected by trypsin-mediated hydrolysis [J]. Food

Bioscience, 2020, 36：100611.

[300] Miao F, Shan C, Shah S A H, et al. Effect of walnut（*Juglans sigillata*）oil on intestinal antioxidant, anti - inflammatory, immunity, and gut microbiota modulation in mice [J]. Journal of Food Biochemistry, 2021, 45（1）：e13567.

[301] 盛雪飞，彭燕，陈健初．天然抗氧化剂之间的协同作用研究进展 [J]．食品工业科技，2010，31（07）：414-417+421.

[302] Gursul S, Karabulut I, Durmaz G. Antioxidant efficacy of thymol and carvacrol in microencapsulated walnut oil triacylglycerols [J]. Food Chemistry, 2019, 278：805-810.

[303] 田雨，包媛媛，林奇，等．橄榄苦苷对核桃油抗氧化稳定性的研究 [J]．中国粮油学报，2019，34（3）：53-60.

[304] 毕会敏，范方宇，杨宗玲，等．纳米 SiO_2/大豆分离蛋白为壁材的核桃油微胶囊特性 [J]．食品与发酵工业，2020，46（21）：147-153.

[305] Calvo P, Lozano M, Espinosa-Mansilla A, et al. *In-vitro* evaluation of the availability of ω-3 and ω-6 fatty acids and tocopherols from microencapsulated walnut oil [J]. Food research international, 2012, 48（1）：316-321.

[306] Lin D, Xiao L, Li S, et al. Effects of fructooligosaccharide and soybean protein isolate in the microencapsulation of walnut oil [J]. Industrial Crops and Products, 2022, 177：114431.

[307] Li Q, Wang L, Zheng M, et al. Microencapsulation with Different Starch-Based Polymers for Improving Oxiutive Stability of Cold-Pressed Hickory（*Carya cathayensis* Sarg.）Oil [J]. Foods, 2023, 12（5）：953.

[308] 黄雨洋，齐宝坤，赵城彬，等．微胶囊化核桃粉末油脂制备工艺及其氧化稳定性研究 [J]．中国食品学报，2019，19（2）：132-138.

[309] Yu Y, Wang T, Gong Y, et al. Effect of ultrasound on the structural characteristics and oxiutive stability of walnut oil oleogel coated with soy protein isolate-phosphatidylserine [J]. Ultrasonics Sonochemistry, 2022, 83：105945.

[310] García-Ortega M L, Toro-Vazquez J F, Ghosh S. Development and characterization of structured water-in-oil emulsions with ethyl cellulose oleogels [J]. Food Research International, 2021, 150：110763.

[311] Gharibzahedi S M T, Mousavi S M, Khouiyan F, et al. Optimization and characterization of walnut beverage emulsions in relation to their composition and structure [J]. International journal of biological macromolecules, 2012, 50（2）：376-384.

[312] Liu S, Sun C, Xue Y, et al. Impact of pH, freeze–thaw and thermal sterilization on physicochemical stability of walnut beverage emulsion [J]. Food chemistry, 2016, 196：475-485.

[313] Cui X H, Chen S J, Wang Y, et al. Fermentation conditions of walnut milk beverage

inoculated with kefir grains［J］. LWT-Food Science and Technology, 2013, 50（1）: 349-352.

［314］李明娟，张雅媛；游向荣，等．低温喷雾干燥技术制备核桃粕蛋白粉的工艺条件优化［J］．食品工业，2021，42（1）：156-161.

［315］Zhao Y, He W, Zhao S, et al. Advanced Insights into Walnut Protein: Structure, Physiochemical Properties and Applications［J］. Foods, 2023, 12（19）: 3603.

［316］李铁君．草木春秋［M］．北京：人民卫生出版社出版，1992.

［317］Elouafy Y, El Yadini A, El Moudden H, et al. Influence of the extraction method on the quality and chemical composition of walnut（*Juglans regia* L.）oil［J］. Molecules, 2022, 27（22）: 7681.

［318］Ahmed I A M, Al-Juhaimi F Y, Özcan M M, et al. Effects of cold-press and soxhlet extraction systems on antioxiunt activity, total phenol contents, fatty acids, and tocopherol contents of walnut kernel oils［J］. Journal of oleo science, 2019, 68（2）: 167-173.

［319］Masoodi L, Gull A, Masoodi F A, et al. An overview on traditional vs. green technology of extraction methods for producing high quality walnut oil［J］. Agronomy, 2022, 12（10）: 2258.

［320］张庆，袁源，邓扬龙，等．响应面优化亚临界萃取核桃油工艺及品质评价［J］．食品工业，2019，40（9）：44-47.

［321］Ghasemi Y Z, Taghian Dinani S. Optimization of ultrasound - assisted enzymatic extraction of walnut kernel oil using response surface methodology［J］. Journal of food process engineering, 2018, 41（5）: 12696.

［322］Liu C, Ni H Y, Chang Y H, et al. Effects of ultrasonic - microwave assisted extraction with green solvent on the chemical constituents, antioxiunt, and hypolipidemic activities of Manchurian walnut oil［J］. Journal of Food Processing and Preservation, 2022, 46（7）: 16603.

［323］孙俪娜，李忠新，李媛，等．前处理方法对冷榨提取核桃油的影响［J］．保鲜与加工，2017，17（4）：51-55.

［324］（宋）周密．武林旧事［M］．北京：学苑出版社，2001.

［325］（明）高濂．遵生八笺［M］．成都：巴蜀书社，1985.

［326］杨春梅，郝艳宾，万政敏，等．核桃仁加工品（琥珀核桃仁、椒盐核桃仁）抗氧化活性的研究［J］．内蒙古农业大学学报（自然科学版），2007，（2）：143-146.

［327］刘俐彤，钟俊麟，赵存朝，等．响应面优化辣木核桃蛋白能量棒配方［J］．食品工业，2022，43（1）：144-148.

［328］缪福俊，耿树香，王洋，等．核桃蛋白（肽）粉生产工艺实践［J］．中国油脂，2019，44（3）：138-140.

[329] 任庆豫，周正江，於莉军，等. 响应面法优化普洱茶核桃饼干配方 [J]. 热带农业科学，2023，43 (3)：89-95.

[330] 徐涵，阚欢，胡祥，等. 云南核桃分心木蛋糕加工工艺研究 [J]. 福建农业科技，2020，(10)：43-48.

[331] Colmenero F J, Serrano A, Ayo J, et al. Physicochemical and sensory characteristics of restructured beef steak with added walnuts [J]. Meat science, 2003, 65 (4)：1391-1397.

[332] Serrano A, Cofrades S, Jiménez-Colmenero F. Characteristics of restructured beef steak with different proportions of walnut during frozen storage [J]. Meat Science, 2006, 72 (1)：108-115.

[333] Canales A, Benedi J, Nus M, et al. Effect of walnut-enriched restructured meat in the antioxidant status of overweight/obese senior subjects with at least one extra CHD-risk factor [J]. Journal of the American College of Nutrition, 2007, 26 (3)：225-232.